小创客大教育系列

micro:bit
基础入门与趣味编程

黄耀忠　林幸强　张建华　张可玉　编著

SPM
南方出版传媒

全国优秀出版社
全国百佳图书出版单位
广东教育出版社
·广州·

图书在版编目（CIP）数据

micro:bit 基础入门与趣味编程 / 黄耀忠、林幸强、张建华、张可玉编著. —广州：广东教育出版社，2018.6

（小创客大教育系列）

ISBN 978-7-5548-2307-1

Ⅰ. ①m… Ⅱ. ①黄… Ⅲ. ①可编程序计算器

Ⅳ. ①TP323

中国版本图书馆CIP数据核字（2018）第118234号

责任编辑：李杰静

责任技编：佟长缨　刘莉敏

装帧设计：友间文化

micro:bit 基础入门与趣味编程
micro:bit JICHU RUMEN YU QUWEI BIANCHENG

广东教育出版社出版发行

（广州市环市东路472号12-15楼）

邮政编码：510075

网址：http:// www.gjs.cn

广东新华发行集团股份有限公司经销

佛山市浩文彩色印刷有限公司

（广东省佛山市南海区狮山科技工业园A区）

787毫米×1092毫米　16开本　9.75印张　195 000字

2018年6月第1版　2018年6月第1次印刷

ISBN 978-7-5548-2307-1

定价：38.00元

质量监督电话：020-87613102　邮箱：gjs-quality@gdpg.com

购书咨询电话：020-87615809

前言

人人皆可编程。

近年,随着人工智能的不断发展,我国对编程教育越来越重视,推进编程教育的鼓励政策也在不断推出。2017年7月,国务院印发的《新一代人工智能发展规划》明确提出,要在中小学设置人工智能相关课程,逐步推广编程教育,鼓励社会力量参与寓教于乐的编程教学软件、游戏的开发和推广。 2018年1月,教育部正式修订发布的《普通高中课程方案和语文等学科课程标准(2017年版)》也明确提出,要着重培养学生的计算思维核心素养,并正式将开源硬件、物联网、人工智能和大数据处理等内容纳入课标之中。

2015年开始,我国中小学校的创客教育开展得如火如荼。创客教育与学校传统科技实践教育相比,其显著优势在于:它更注重学习者兴趣和素养的启发,对提高学生的科学素养、技术素养、工程素养和数学素养起到十分重要的推动作用。创客教育作为人人可以参与的低门槛创新活动,恰好弥补了当前我们传统教育忽略兴趣和动手能力的缺陷,让学生自主探究,将自己的创意通过个人和团队行动变成现实,激发其创新的欲望,培养其创造能力和团队精神。

micro:bit 是一款由英国广播公司(BBC)推出,并由微软、三星、ARM和英国兰卡斯特大学等机构合作共同设计完成,用于中小学生编程入门的开发板,同时也是制作创客作品和开展STEAM教育的有效工具。它高度集成、功能强大,搭载有25个可编程 LED 点阵、两个可编程按键、加速度传感器、磁场传感器、光线传感器、温度传感器、蓝牙、micro USB插口、5个 I/O 环供鳄鱼夹和4 mm banana plug(香蕉插头)

等电子模块，并可通过配合简单的编程轻松实现 Arduino 大量复杂的编程和设置，从而让编程变得更加简单、有趣。此外，配合 micro:bit 的扩展板和套件可以设计出极具创意的项目作品，如制作数码骰子、智能穿戴设备、遥控风扇、心率计算器、智能小车等。限于篇幅，本书只对 micro:bit 自带的硬件进行分析和学习，并通过趣味性的项目实施来完成内容的学习。

本书以培养中小学生基础编程能力和计算思维为目标，以趣味编程项目为抓手，以 micro:bit 为切入点，结合中小学生特点，对 micro:bit 板和趣味编程过程进行了细致的讲解和分析。全书共有7个单元，18课，29个趣味编程项目，基本覆盖了 micro:bit 板和 MakeCode 在线编程工具的基础技能。其中，每一个项目都基本按"模块选择""程序设计思路""程序编写"进行设计，简单明了，方便学与教。本书除前两个单元外，其他的章节均可以随机选择学习。

同时，为了方便中小学生学习本书中的内容，我们还为每一个趣味编程项目提供了教学视频（扫二维码）和程序源代码（手机扫二维码，电脑用网址）。此外，在用手机扫程序源代码的二维码后，我们不仅可以进入 MakeCode 手机端的编辑界面看到和下载源代码，还可以在手机上对程序进行类似电脑的各类程序操作。

本书的作者都是在一线具有多年信息技术教学经验的老师，我们相信，通过对本书内容的学习，学生一定会爱上 micro:bit 开发板，爱上编程，制作出更多的创客作品。由于作者水平有限，难免有疏漏和错误之处，敬请批评指正。

编 者
2018年5月

微信扫码获取
本书教学微视频

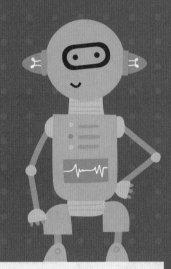

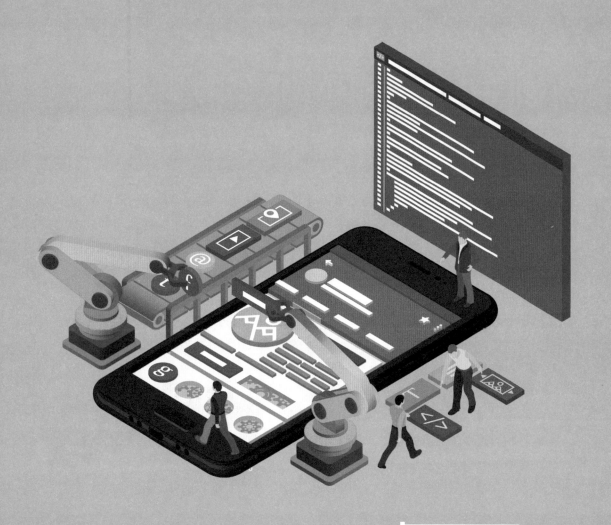

认识新朋友

unit 1

Lesson 1
神奇的开发板 micro:bit

1.1 micro:bit 简介

    micro:bit 是一款由英国广播公司（BBC）推出，并由微软、三星、ARM 和英国兰卡斯特大学等合作共同设计完成，用于中小学生编程入门的开发板。它高度集成，搭载有 25 个可编程 LED 点阵、两个可编程按键、加速度传感器、磁场传感器、光线传感器、温度传感器、蓝牙、micro USB 插口、5 个 I/O 环供鳄鱼夹和 4 mm banana plug（香蕉插头）等电子模块，并可通过配合简单的编程轻松实现 Arduino 大量复杂的编程和设置，从而让编程变得更加简单、有趣。此外，配合 micro:bit 的扩展板和套件可以设计出极具创意的项目作品，如制作数码骰子、呼吸灯、智能穿戴设备、遥控风扇、心率计算器、智能小车等。micro:bit 功能强大，具有易用性和可扩展性良好的特点，是当前十分适合中小学生学习图形化编程的电子硬件。

图1-1　micro:bit

1.2 micro:bit 可以做什么

一、基础

    通过掌握 micro:bit 的基础操作方法，可以轻松实现LED点阵的各种显示效果，如显示心形、心跳效果、滚动数字和英文句子等（如图 1-2）。

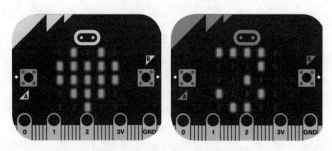

图1-2　micro:bit 基础编程

二、进阶

通过编写简单的程序，以及结合 micro:bit 自带的按钮、温度计、电子罗盘、蓝牙等电子模块可以轻松地实现 Arduino 大量复杂的编程和设置，即可制作出一些有趣的作品，如呼吸灯、运算器等，让编程成为学生的乐趣（如图1-3）。

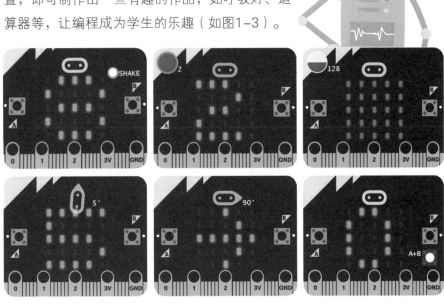

图1-3　micro:bit 进阶编程

三、提高

当具备一些简单的程序设计技能后，可以利用 micro:bit 的扩展板和套件设计出极具创意的作品，如智能穿戴设备（如图 1-4）、遥控风扇、心率计算器和智能小车等。

限于篇幅，本书介绍的内容主要是基础和进阶部分。

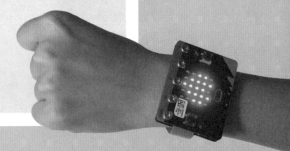

图1-4　micro:bit 提高编程

1.3 micro:bit 编程环境的选择

　　micro:bit 编程教学环境包括在线和离线两类，本书编写环境主要采用在线编程环境。

一、 MakeCode 在线编程工具（JavaScript 模块编辑器）

　　MakeCode 是由微软提供的 micro:bit 在线图形化编程工具，功能非常强大，界面友好（如图 1-5），编程简单，十分容易上手。 MakeCode 的官方网站（http://microbit.org/）上提供了15 种语言的在线编程环境，无须安装任何驱动和插件即可使用 JavaScript 模块编辑器进行在线编程，编写好的程序无须写入硬件也可以在编程界面的左边模拟演示区模拟程序执行的结果。但是它对网络的带宽也有一定的要求，由于使用的用户较多，加上编程服务器位于英国，所以打开网站需要一些时间。

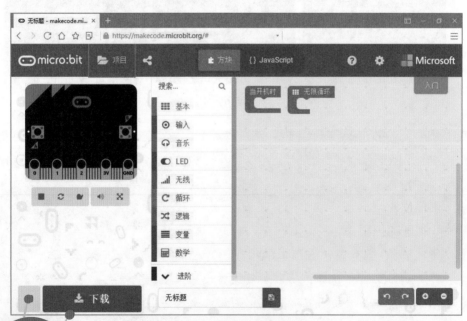

图1-5　MakeCode 在线编程界面

二、Python 编辑器

Python 编辑器是代码式的在线编程工具，简单易学，非常适合那些想要继续深入学习编程的人群。它用一系列代码段、各种预制图像和音乐帮助学习者进行编程，是由全球 Python 社区提供赞助，它的网址为 http://python.microbit.org/。Python 编辑器编程界面如图 1-6 所示。

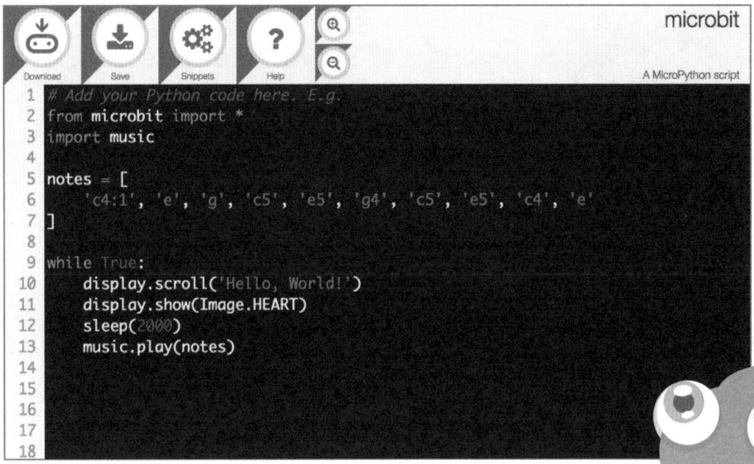

图1-6　Python 编辑器编程界面

以上介绍的 MakeCode 在线编程工具和 Python 编辑器是 micro:bit 官方推荐的编程工具。

三、国内 MakeCode 在线编程平台

为了解决 MakeCode 打开速度慢的问题，国内很多编程高手想出各种解决方法，其中就有 DF 创客社区（www.dfrobot.com.cn）构建的中国国内 MakeCode 在线编程平台。无论是编程界面还是使用方法，跟 MakeCode 几乎没有区别。它的网址为 http://microbit.dfrobot.com.cn/index.html，编程界面如图 1-7 所示。

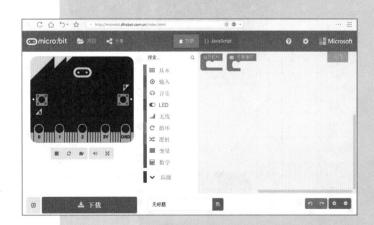

图1-7　国内 DF 创客社区 MakeCode 在线编程平台

四、小喵科技 MakeCode 离线版

除了在线编程以外，深圳市小喵科技有限公司还推出了 MakeCode 的离线版，界面如图 1-8 所示。据小喵科技的官方介绍，离线版 MakeCode 有如下几个优点：（1）不受网络限制；（2）可以直接下载 hex 到 micro:bit 开发板上面，不用每次弹出下载窗口并选择 micro:bit；（3）内置串口调试工具。MakeCode 离线版下载地址：http://kittenbot.cn/bbs/forum.php?mod=viewthread&tid=156（直接下载地址：http://cdn.kittenbot.cn/ MakeCode.zip）。小喵科技 MakeCode 离线版下载完成后是一个压缩包，解压后直接运行里面的 MakeCode.exe 即可。但需要注意的是，解压时不能放在中文路径下，否则无法正常运行。

图1-8 小喵科技 MakeCode 离线版界面

五、Mixly离线编程环境

Mixly，中文名为米思齐，全称为 Mixly_Arduino，是一款由北京师范大学教育学部创客教育实验室傅骞教授团队开发的图形化编程软件。Mixly 除了支持 Arduino 编程以外，从 0.997 版开始支持 micro:bit 编程。Mixly 分为 Mac 版、Windows 版和 Python 版。它的下载地址为 http://mixly.org/explore/software/mixly-arduino。如果电脑安装的是 Windows 系统，下载 Windows 版即可。需要注意的是，使用 Mixly 对 micro:bit 进行编程，必须安装 micro:bit 串口驱动（mbedWinSerial_16466.exe）才能正常运行。串口驱动下载地址为 https://os.mbed.com/static/downloads/drivers/mbedWinSerial_16466.exe。另外，小喵科技 MakeCode 离线版压缩包中也包含有串口驱动的安装文件。Mixly0.997 版编程界面如图 1-9 所示。

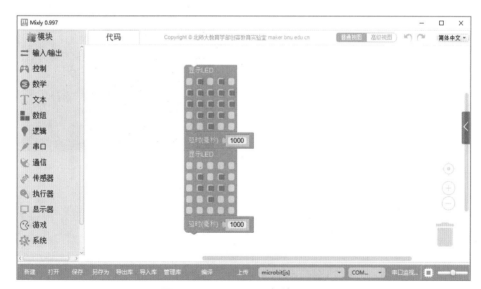

图1-9　Mixly0.997 版编程界面

六、m:python 离线编程环境

除了以上介绍的编程环境外，深圳 Labplus 盛思公司开发的 m:python 离线编程工具同样十分适合 micro:bit 的学习。m:python 是基于 python 语言设计的图形化编程工具，当前最高的版本已到 0.3.1。它小巧玲珑，功能强大，兼容性好，并且已有输出模拟器，是学习 micro:bit 编程的不错选择。它的下载网址为 http://www.labplus.cn/index.php/product/software。m:python 离线编程界面如图1-10所示。

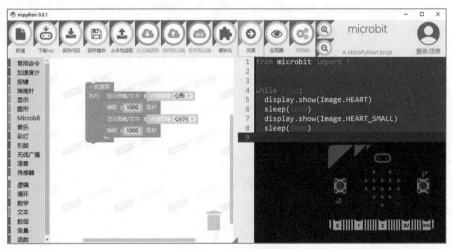

图1-10　盛思 m:python 离线编程界面

1.4　micro:bit 的选购

一、购买渠道

micro:bit 的购买渠道非常多，各大电商都有销售，而且价格相对便宜。

二、包装的选择

网上销售的 micro:bit 产品有"单板""套件"和"套装"之分。我们可以根据自己需要选择购买。

1. micro:bit 单板，清单如下：

· micro:bit 开发板×1

·快速使用说明（英文版）×1

·安全须知（英文版）×1

2. micro go套件，清单如下：

· micro:bit 开发板×1

·快速使用说明（英文版）×1

·安全须知（英文版）×1

·micro USB数据线×1（长约15厘米）

·电池盒×1

·7号电池×2

温馨提示

单板装标配不包含micro USB数据线（即普通的安卓手机数据线）。

温馨提示

电池盒的作用主要有以下两方面：（1）电池盒内的电池给micro:bit 充电，这样 micro:bit 可脱离电脑照常运行程序；（2）使用电池盒供电后，micro:bit 可以不连接电脑，可以通过移动设备如手机，以无线连接方式与 micro:bit 连接进行编程的设计。具体可查阅本书"Lesson 18 移动设备连接 micro:bit 编程"。

3. club10套装，清单如下：

·micro:bit 开发板×10

·micro USB数据线×10

·快速使用说明（英文版）×10

·安全须知（英文版）×10

·电池盒×10

·7号电池×20

4. 各种 micro:bit 扩展板：由于本书内容没有涉及扩展板的使用，在此不作介绍。

三、颜色的选择

micro:bit 有多种颜色，它们的功能都是一样的，并无区别，购买时可根据个人喜好选择。

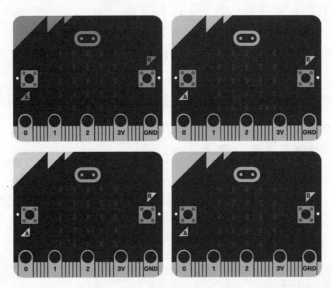

图1-11　不同颜色的 micro:bit

四、购买建议

micro:bit 具备无线通信功能，利用无线通信可以轻松实现两块甚至多块 micro:bit 之间的无线通信，具体可查阅本书：Lesson 14 无线发送数字和字符串。因此我们建议，条件允许的情况下，可购买两块或多块 micro:bit 进行学习。

朋友，
赶快试试吧！

Lesson 2
认识在线编程环境

微信扫码
看本课微视频

通过 Lesson 1 的学习，我们知道 micro:bit 的编程环境有很多选择，本书重点介绍 MakeCode 在线编程工具，也就是通过在线编程网站进行编程。

2.1 打开 MakeCode 在线编程网站

方法1：直接在浏览器上打开 micro:bit 官网主页：http://microbit.org/。进入官网后，可以进行语言的切换，即可切换到简体中文界面。接着，选择"让我们开始编程吧"菜单，即可进入编程环境的介绍页面，如图 2-1 和图 2-2 所示。

图2-1 micro:bit 官网主页

温馨提示

为确保能顺利打开在线编程网站，请检查电脑是否满足以下要求：（1）Windows7 或更高版本的操作系统，使用 IE11、Edge、Chrome（谷歌）或者 Firefox（火狐）浏览器中的一种。（2）Mac电脑，使用 OS X 10.9 或更高版本的系统，Safari、Chrome 或者 Firefox 浏览器中的一种。

图2-2 编程环境介绍页面

进入编程环境的介绍页面后，继续点击介绍页面上的"让我们开始编程吧"按钮（图2-2），即可进入正式的编程界面，如图 2-3 所示。

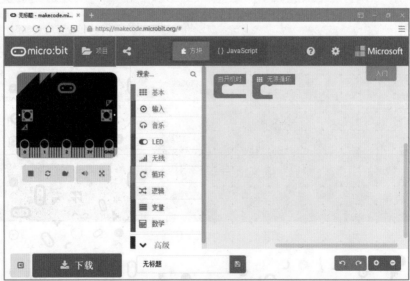

图2-3 正式编程界面

方法2：在浏览器中打开网址：https:// makecode.microbit. org/#lang=zh-CN，可以直接进入简体中文编程界面。

2.2 认识 MakeCode 编程界面

MakeCode 在线编程界面主要由"模拟演示区""指令区""编程区"和"菜单功能区"四部分组成，如图 2-4 所示。

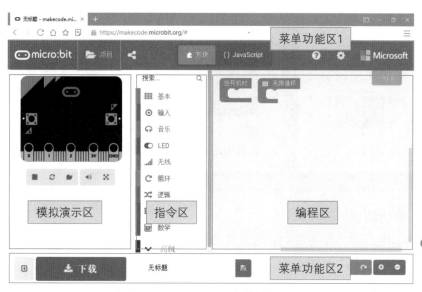

图2-4 MakeCode 在线编程界面

一、模拟演示区

模拟演示区可以实时显示出编程的效果，其按钮及其功能如表 2-1 所示。

表2-1 模拟演示区内的按钮及其功能

按钮	名称	功能描述
	预览图	实时显示编程的预览效果
	控制按钮	从左到右分别是启动/停止、重启、慢动作、声音、全屏

二、指令区

指令区把程序指令归为基础、输入、音乐、LED、无线、循环、逻辑、变量、数学和高级十大部分，并用不同的颜色来加以分类。我们编程时，可以把这些指令像搭积木一样组合起来使用。

三、编程区

编程区就是把各种指令进行组合编程的区域。为了方便学习者使用，指令只有符合正确的语法才能组合到一起。例如，在图2-5所示中，左边的两条指令可以组合在一起，右边的两条指令就无法组合了。

图2-5　符合正确语法的指令才能组合到一起
（左边正确能组合，右边错误不能组合）

四、菜单功能区

菜单功能区中几个主要的按钮及其功能如表2-2所示。

表2-2　菜单功能区内的按钮及其功能

按钮	名称	功能描述
项目	项目	通过此按钮，可以创建一个新的项目、导入文件或者查看在本机编写的最后一个程序
分享	分享	可以将设计好的程序分享到网上，与其他人分享和交流学习成果
方块	方块	默认选中状态，即图形化编程界面状态
{} JavaScript	JavaScript	单击此按钮，可以转换到JavaScript脚本编程状态，这时看到的都是程序代码，更适合熟悉使用代码编程的人员使用
?	帮助	单击此按钮，有相应的帮助选项可选
✿	设置	单击此按钮，有项目设定、添加包、删除项目、设置语言、重置等选项可选
下载	下载	单击此按钮，可以把编写好的程序下载到电脑或者直接下载到 micro:bit 上（注意：要运行设计好的程序必须要保存在 micro:bit 自带的磁盘上）
💾	保存	单击此按钮，可以把编写好的程序保存到 micro:bit 官网的项目库中，下次打开网站时，可以通过"项目"菜单调用。同时，按此按钮，也会弹出保存程序对话框，可以把程序保存到电脑或 micro:bit 上

让micro:bit亮起来

unit 2

Lesson 3
点亮LED屏幕

微信扫码
看本课微视频

通过前面两节课的学习，我们对 micro:bit 有了初步的了解。为了让神奇的 micro:bit 变出各种效果，我们必须编写相应的程序，并把它写入 micro:bit 中运行。我们将先尝试让 micro:bit 的LED屏幕亮起来，让其显示各种符号、数字和字符串。

3.1 编程前的准备工作

正式编写程序之前，我们需要完成以下准备工作，才能开始我们的编写程序之旅。

一、 micro:bit 与电脑相连

1. 用 micro USB 数据线把 micro:bit 和电脑相连（如图3-1），连接时一定要注意数据线接口的方向，只有方向对了才能正常连接。

连接时注意接口的方向

图3-1 micro:bit 与电脑相连

2. 连接后，电脑系统会自动安装驱动。驱动安装完成后，电脑会多出一个名称为"MICROBIT"的磁盘，就像插入一个 U 盘一样的效果，这就代表连接成功，如图3-2所示。

电脑出现名为"MICROBIT"的磁盘

图3-2 micro:bit 与电脑连接成功

二、打开 MakeCode 在线编程网站

micro:bit 与电脑成功连接后，我们接着需要打开 MakeCode（JavaScript）图形化在线编程网站（网址：https:// makecode.microbit.org/#lang=zh-CN）开始编写程序。详细方法可以查阅"Lesson 2 认识在线编程环境"。

温馨提示

双击 MICROBIT 磁盘里面的 MICROBIT.HTM 文件，也可以直接打开 micro:bit 官网主页（http://microbit.org/），只不过打开的是英文界面，还需要切换语言以及选择相应菜单才能进入简体中文的编程界面。

3.2 显示心形效果

接下来，我们先学习编写第一个程序，使 micro:bit 的LED屏幕显示心形效果。

一、模块选择

打开网站后我们可以看到，编程区已经默认有两个模块图标，分别是  模块和 模块。要使LED屏幕显示出心形效果，除了用这两个模块，还需要用到 显示图标 模块，这三个模块的主要功能如表 3-1 所示。

表3-1　认识新模块

模块	名称	功能描述	取值范围
无限循环	无限循环	程序不断地重复运行。通常我们把需要不断地重复运行的程序放在这里面	—
当开机时	当开机时	程序启动时只执行一次。通常我们把程序初始化部分的功能放在这里面	—
显示图标	显示图标	在LED屏幕上绘制选定的内置图标	内置的40种图标

二、程序编写

我们想要点亮LED灯， 模块和 模块中的任意一个都能实现。这里我们先学习使用 模块。

（一）删除多余模块

方法1：把 当开机时 模块拖曳到中间的指令区，这样就可以把 当开机时 模块删除，如图3-3所示。

温馨提示

拖曳，指的是用鼠标单击目标并按住不放，再向需要的位置拖放。

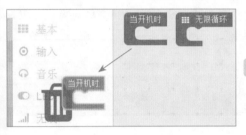

图3-3 模块的删除方法

方法2：鼠标单击选中 当开机时 模块，直接按键盘的 Delete 键把它删除。

（二）添加"显示图标"模块

1. 从指令区中找到并单击基本指令集 ▦ 基本，从下级菜单中找到 显示图标 ▦ 模块，并把它拖曳到右方的编程区（如图3-4）。当开机时 模块和 无限循环 模块同样可以在基本指令集中找到。

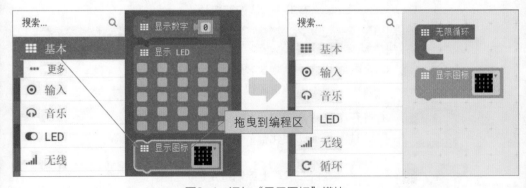

图3-4 添加"显示图标"模块

2. 把  模块拖曳到 模块里面，两条指令会自动"粘"在一起（如图3-5）。

图3-5 模块的组合

 温馨提示
　　除了心形，我们还可以选择其他图标。只需要单击 模块右上角的倒三角形按钮，即可选择系统内置的其他图形，共有40种选择，如图3-6所示。

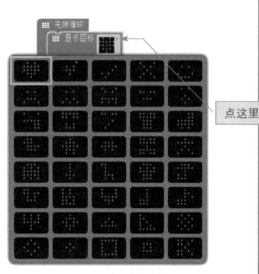

图3-6 40种图标的选择

3. 程序编写完成后，就可以看到预览效果了。如果无法看到预览效果，单击模拟演示区的"启动"按扭，就可以看到预览效果了（如图3-7）。

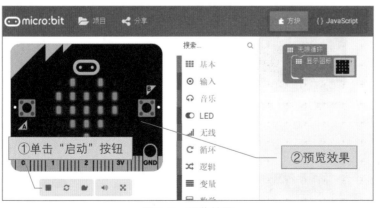

图3-7 预览效果

三、运行程序

当程序编写完成后，我们想看到 micro:bit 实际的效果，只需要把编写好的程序写入 micro:bit 中即可。把程序写入 micro:bit 的方法如下：

（一）修改程序名称

程序编写完成后，我们应该养成一个良好的习惯，为编写好的程序改一个容易记忆的名字，如"1-点亮 LED"。

（二）下载程序

程序命名完毕后，我们就可以把编写好的程序保存到电脑中，只需要单击屏幕左下方的"下载"按钮即可（如图3-8），随后会弹出保存文件的对话框，保存位置自定。

温馨提示

（1）由于我们先修改了程序文件名，因此下载好的程序文件名将自动命名为"microbit-1-点亮 LED.hex"。（2）当我们把程序下载完毕后，单击编程网站左上角的"项目"菜单可以发现，刚刚编写好的"microbit-1-点亮 LED.hex"已经存在"我的项目库"中，随时可以打开使用和修改。需要注意的是，"我的项目库"中的程序，只能在同一台电脑、同一个浏览器上才能看到，换了其他电脑或者其他浏览器就看不到了。

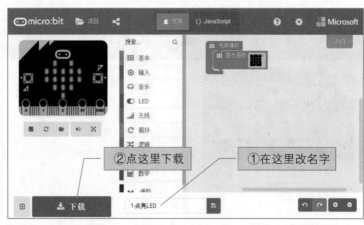

图3-8　保存与下载

（三）运行程序

所谓运行程序，其实就是把下载好的程序拷贝到 micro:bit 所在的磁盘中。拷贝方法与我们把普通文件拷贝到 U 盘的方法相同，具体操作如图 3-9 所示。

温馨提示

拷贝程序到 micro:bit，其实就是把程序写入 micro:bit 当中，让 micro:bit 执行程序，显示我们设计好的效果。写入过程中，micro:bit 上的黄色数据传输指示灯会快速闪烁，直至数据传输完毕至常亮状态。

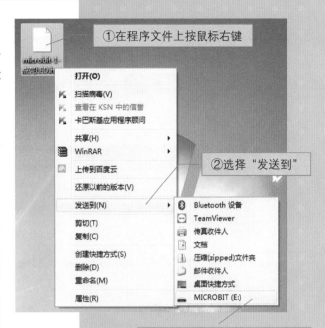

①在程序文件上按鼠标右键
②选择"发送到"
③选择并单击 MICROBIT 磁盘

图3-9 把程序写入 micro:bit

（四）观看效果

程序正确写入完毕后，micro:bit 的 LED 屏幕就会显示出心形效果。

3.3 显示自定义图形

前面我们学习了如何让 micro:bit 的 LED 屏幕显示出心形效果（或者其他内置图形）。其实 micro:bit 自带的 25 个 LED 灯可以任意点亮，显示出我们想要的图形，而且方法非常简单。

一、创建新项目

我们要创建一个新的项目。单击编程界面左上角的 项目 菜单，从弹出的对话框中选择 ，这样，一个新的空白项目就建立完毕了。在第一个程序中，我们使用了 无限循环 模块实现显示心形，这一次我们尝试使用 当开机时 模块实现显示自定义图形。因此，我们先把编程区的 无限循环 模块删除。

二、模块选择

要实现"显示自定义图形"效果，我们需要用到的新模块是"显示 LED"模块，可以从 指令集中找到它。"显示 LED"模块的主要功能如下表 3-2 所示。

表3-2 "显示 LED"模块

模块	名称	功能描述	取值范围
	显示 LED	在 LED 屏幕上绘制图像	直接在 25 个点阵上绘制图像

三、程序编写

（一）添加新模块

从指令区中找到并单击基本指令集 ，从下级菜单中找到  模块，并把它拖曳到 当开机时 模块里面，如图 3-10 所示。

（二）绘制自定义图形

我们想点亮哪些 LED 灯，只需要用鼠标单击 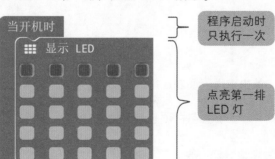 模块上的 LED 图案，让它变成红色即可。例如，我们想点亮第一排 LED 灯，可以用鼠标直接单击"显示 LED"第一排，如图 3-11 所示。

图3-10 添加"显示 LED"模块

程序启动时只执行一次

点亮第一排 LED 灯

图3-11 点亮第一排LED灯

程序分享地址

https:// makecode.
microbit.org/21612-6
7699-57965-11190

（三）运行程序

程序编写完成后，修改程序名称并保存到电脑中，再把程序拷贝到 micro:bit 所在的磁盘即可看到效果。需要显示其他图形的，可以自己动手尝试。

巩固和提高

上面两个程序，分别使用  模块和 **当开机时** 模块实现了显示各种图形的效果，你能看出它们的区别吗？

3.4   显示数字、字符串

显示内置图形和自定义图形的方法我们已经掌握，下面我们来学习如何让 micro:bit 的 LED 屏幕显示数字和字符串！

一、模块选择

（一）认识新模块

要实现"显示数字、字符串"功能，我们需要用到的新模块是"显示数字"和"显示字符串"模块，可以从 **基本** 指令集中找到它们。它们的主要功能如表 3-3 所示。

表3-3   认识新模块

模块	名称	功能描述	取值范围
显示数字 ⓪	显示数字	在 LED 屏幕上显示数字。每次显示一个数字，超过一个数字则滚动显示	-2 147 483 647 ~ 2 147 483 647
显示字符串 "Hello!"	显示字符串	在 LED 屏幕上显示文本。每次显示一个字符，超过一个字符则滚动显示	数字，字母，英文标点

（二）需要用到的旧模块

除了以上新模块，还需要用到前面学习过的一些模块，如表 3-4 所示。

表3-4 需要用到的旧模块

模块	名称	功能描述	取值范围
无限循环	无限循环	程序不断地重复运行。通常我们把需要不断地重复运行的程序放在这里面	—
当开机时	当开机时	程序启动时只执行一次。通常我们把程序初始化部分的功能放在这里面	—

二、程序编写

首先，我们创建一个新的项目。然后从指令区中找到并单击基本指令集 基本 ，再从下级菜单中找到 显示数字 0 模块，并把它拖曳到编程区 当开机时 模块里面。接着，从指令区中找到并单击基本指令集 基本 ，从下级菜单中找到 显示字符串 " Hello! " 模块，并把它拖曳到编程区 无限循环 模块里面。效果如图 3-12 所示。

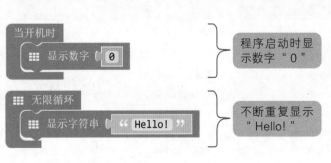

程序启动时显示数字 " 0 "

不断重复显示 " Hello! "

图3-12 显示数字 " 0 " 和字符串 " Hello! "

程序分享地址

https:// makecode.
microbit.org/08482-1
6232-41410-49197

程序拷贝到 micro:bit 后，你发现什么了吗？

温馨提示

（1）拷贝程序到 micro:bit 后，数字"0"只显示了一次，而字符串"Hello!"则一直在滚动显示。这是 [当开机时] 模块和 [无限循环] 模块的区别。（2）[显示数字 0] 模块，最大能显示的数字是 2147 483 647（micro:bit 集成的是 32 位 ARM Cortex M0 处理器，32 位处理器支持的最大数就是 2147 483 647，事实上它就是 2 的 31 次方减1），超过这个值，[显示数字 0] 模块上会出现感叹号，表示错误，如图 3-13 和图 3-14 所示。（3）[显示字符串 "Hello!"] 模块只能显示数字、字母和部分英文标点符号，暂时不支持显示中文。

图3-13　显示数字模块最大
显示 2 147 483 647

图3-14　超过 2 147 483 647
提示错误

巩固和提高

尝试修改程序，让 LED 屏幕显示其他数字或字符串。

3.5 显示心跳效果

原来 micro:bit 的 LED 屏幕可以显示这么多东西，是不是觉得很有趣？下面我们来制作更有趣的东西——显示心跳效果。

一、模块选择

（一）认识新模块

要实现"显示心跳效果"，我们需要用到的新模块是"暂停"模块，可以从 ▦ 基本 指令集中找到"暂停"模块。它的主要功能如表 3-5 所示。

表3-5　认识新模块

模块	名称	功能描述	取值范围
▦ 暂停 (ms) 100	暂停	暂停以毫秒为单位的指定时间，1000 毫秒等于 1 秒	0 ~ 2 147 483 647

（二）需要用到的旧模块

除了以上新模块，还需要用到前面学习过的一些模块，如表 3-6 所示。

表3-6　需要用到的旧模块

模块	名称	功能描述	取值范围
▦ 无限循环	无限循环	程序不断地重复运行。通常我们把需要不断重复运行的程序放在这里面	—
▦ 显示图标	显示图标	在 LED 屏幕上绘制选定的内置图标	内置的 40 种图标

二、程序编写

（一）新建项目

首先，我们创建一个新的项目，接着把 当开机时 模块删除。

（二）添加"显示图标"模块

接着，依然是选择基本指令集 基本 ，从下级菜单中找到 显示图标 模块，并把它拖曳到编程区 无限循环 模块里面。

（三）利用"重复"指令，快速添加所需模块

在 显示图标 模块上按鼠标右键，从弹出的菜单中选择"重复"指令，编程区就会自动添加多一个 显示图标 模块。接着，把两个 显示图标 模块组合起来，并把第二个 显示图标 模块内置的"大心形"改成"小心形"，如图 3-15 所示。

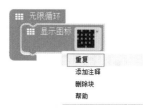

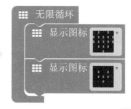

图3-15　编写"心跳效果"程序

温馨提示

程序编写完成后，模拟演示区就可以看到两个心形不断切换所形成的心跳效果了。

（四）调整心跳速度

心跳效果已经实现了，那心跳的速度如何改变呢？从基本指令集 基本 中找到 暂停 (ms) 100 模块，并将其拖曳到编程区，然后把它分别放在两个"显示图标"模块的下方，同时把时间修改成 1000 毫秒（即 1 秒），如图 3-16 所示。

显示大心形
暂停 1 秒
显示小心形
暂停 1 秒

图3-16　"暂停"模块的使用

　　添加"暂停"模块后，心跳的间隔时间的确变长了。然而，虽然我们设置了 1000 毫秒的暂停时间，但实际上暂停的时间并不止 1000 毫秒。这是因为 MakeCode 是在线编程环境，即使没有添加暂停模块，只要使用了 模块，不管是显示图标、数字还是字符串，当需要显示的信息显示完毕后，程序都会默认暂停 600 毫秒。我们再回忆一下是不是这样：完成第（三）步后，我们并没有添加暂停，但心跳效果已经出现了，而且心跳存在一定的间隔时间。因此，我们只需要再暂停 400 毫秒，就可以实现实际暂停 1000 毫秒的效果。

　　知道导致问题的原因后，我们就可以把程序修改完善了，如图 3-17 所示。

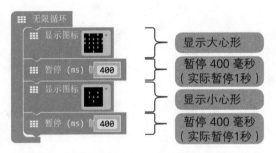

图3-17　完善后的"心跳效果"程序

程序分享地址

https:// makecode.
microbit.org/28701-226
60-08778-11918

巩固和提高

　　实现心跳效果中，我们使用的是 无限循环 模块。如果改用 当开机时 模块，那还能不能实现心跳效果呢？请说说你的看法。

Lesson 4
倒计时

微信扫码
看本课微视频

10，9，8，7，6，5，4，3，2，1，点火！

图4-1　火箭发射倒计时

在日常生活中的重要时刻，我们经常会用到倒计时。如在火箭发射时，伴随着指挥员高喊"10，9，8，7，…，1，点火"，火箭将启动发射，然后缓慢升空。又如奥运会开幕、迎接新年，我们同样会用到倒计时。实际上，micro:bit 强大的功能也可以帮我们实现倒计时效果。下面让我们一起见证紧张而激动的时刻吧！

4.1　顺序结构"倒计时"

前面我们学习了点亮 LED 灯，知道 micro:bit 可以显示数字和字符串，根据这一特点，我们只要在 LED 屏幕上依次显示"9，8，7，6，5，4，3，2，1，0"就可以轻松实现倒计时的效果了。

一、模块选择

要实现顺序结构"倒计时"效果，并不需要使用新的模块，我们只需要使用前面学习过的一些模块即可，如表 4-1 所示。

表4-1　需要用到的旧模块

模块	名称	功能描述	取值范围
无限循环	无限循环	程序不断地重复运行。通常我们把需要不断地重复运行的程序放在这里面	–
显示数字 0	显示数字	在LED屏幕上显示数字。每次显示一个数字，超过一个数字则滚动显示	–2 147 483 647 ~ 2 147 483 647
暂停（ms）100	暂停	暂停以毫秒为单位的指定时间，1000 毫秒等于 1 秒	0～2 147 483 647

二、程序设计思路

顺序结构"倒计时"程序的设计思路如图4-2所示。

三、程序编写

下面我们就根据设计思路开始编写"倒计时"程序。

（一）添加第一个"显示数字"模块

首先，我们创建一个新项目，然后把 当开机时 模块拖曳到指令区中将它删除，保留 无限循环 模块。然后，在指令区中找到并单击 基本 指令集，从下级菜单中找到 显示数字 0 模块，并把它拖曳到编程区的 无限循环 模块中，再将数字"0"改成想要显示的数字。如需要显示数字"9"，则将指令改为 显示数字 9 ，还可以在模拟演示区看到预览效果（图4-3）。

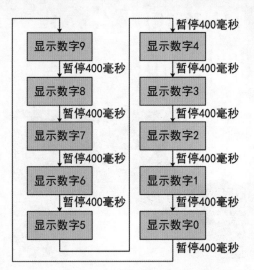

图4-2 顺序结构"倒计时"程序设计思路

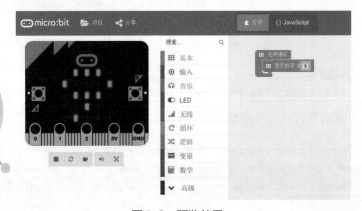

图4-3 预览效果

（二）利用"重复"指令，快速添加"显示数字"模块

"暂停"模块只显示一个数字还不够，显示数字"9"之后，接着显示数字"8""7""6""5""4""3""2""1""0"。我们可以利用在"Lesson 3 点亮 LED 屏幕"中学习的如何利用"重复"指令，快速添加相同类型模块的方法快速添加更多的 显示数字 0 模块，添加完成后，再从上到下把数字修改成"9""8""7""6""5""4""3""2""1""0"即可。

（三）添加"暂停"模块，实现倒计时效果

实现倒计时效果，我们需要用到刚学习的  模块。

我们需要延时的时间是 1 秒，即 1000 毫秒。在学习"Lesson 3 点亮LED屏幕"时，我们知道 micro:bit 使用 ■ 显示 模块显示内容默认延时时间是 600 毫秒，因此我们还需继续延时 1000-600=400 毫秒。因此我们将默认参数"100"改成"400"，即 ，这样就可以实现延时 1 秒的效果。修改完一个 ■ 暂停（ms）400

模块后，利用"重复"指令，添加更多的 ■ 暂停（ms）400 模块，并把它们添加到每一个"显示数字"模块的下方即可。"倒计时"最后的程序如图 4-4 所示。

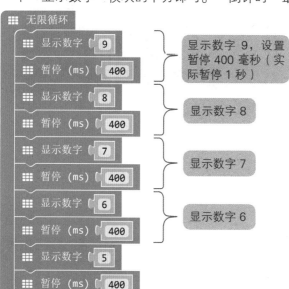

显示数字 9，设置暂停 400 毫秒（实际暂停 1 秒）

显示数字 8

显示数字 7

显示数字 6

程序分享地址

https:// makecode.
microbit.org/05985-1479
3-90760-66254

温馨提示

　　顺序结构是最简单的程序结构，也是最常用的程序结构，只要按照解决问题的顺序写出相应的语句就行，它的执行顺序是自上而下，依次执行的。

图4-4　顺序结构"倒计时"

四、程序效果展示

程序编写完成并下载到 micro:bit 后，"倒计时"的显示效果如图4-5所示。

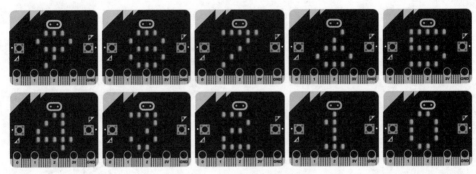

图4-5 "倒计时"显示效果

可能你已经发现了一个问题，这个程序太长太烦琐了，相同的模块要重复使用 10 次，程序不够简洁。那么，如何改进好呢？这里向大家介绍一种更好的方法。

4.2 循环结构"倒计时"

要使程序简洁，实现"倒计时"效果，我们可以设置一个变量，使变量的值从 9 到 0 依次递减，并显示在 micro:bit 上，每次递减暂停 1 秒，从而实现"倒计时"效果。下面让我们一起来探索循环结构的"倒计时"程序吧！

一、模块选择

（一）认识新模块

要实现循环结构"倒计时"效果，我们需要用到多个新的模块，可以分别从 ≣ 变量 指令集、⤭ 逻辑 指令集，以及 ◑ LED 指令集下的 ••• 更多 中找到它们。它们的主要功能如表4-2所示。

表4-2　认识新模块

模块	名称	功能描述	取值范围
item ▾	返回变量值	返回变量的值。其中"item"为变量名，可从下拉框中选定	
将 item ▾ 设为 0	变量赋值	将变量的值设置为后面的"输入值"。其中"item"为变量名，可从下拉框中选定。"输入值"为数字类型	-2 147 483 647 ~ 2 147 483 647
以 1 为幅度更改 item ▾	以指定幅度更改变量	以"输入值"为幅度更改变量的值。例如"输入值"为"1"，则表示变量 item 值加 1；如果"输入值"为"-1"，则表示变量 item 值减 1。其中的"输入值"为数字类型	-2 147 483 647 ~ 2 147 483 647
如果为 true ▾ 则	条件判断	如果满足判断条件，则执行里面语句	true, false, 自定条件
0 < ▾ 0	逻辑判定	左右两个数进行对比，结果为真，则返回 true，否则返回 false	-2 147 483 647 ~ 2 147 483 647

（二）需要用到的旧模块

除了以上新模块，还需要用到前面学习过的一些模块，如表4-3所示。

表4-3　需要用到的旧模块

模块	名称	功能描述	取值范围
当开机时	当开机时	程序启动时只执行一次。通常我们把程序初始化部分的功能放在这里面	–
无限循环	无限循环	程序不断地重复运行。通常我们把需要不断地重复运行的程序放在这里面	–
显示数字 `0`	显示数字	在LED屏幕上显示数字。每次显示一个数字，超过1个数字则滚动显示	–2 147 483 647 ~ 2 147 483 647

二、程序设计思路

循环结构"倒计时"程序的设计思路如图4-6所示。

温馨提示

这里的"item=item-1"的意思是把右边的"item-1"（即 item 每次减 1）的值赋给左边的 item 量。它们不是等式的关系，而是右边赋值给左边的关系。

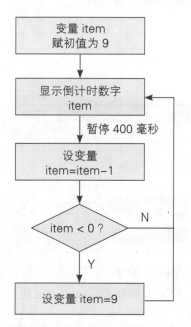

图4-6　循环结构"倒计时"程序设计思路

三、程序编写

（一）设置变量初始值

我们需要定义一个变量 item，并设置 item 变量的初始值。在 变量 指令区中，找到 将 item 设为 0 模块，将它拖曳到 当开机时 中。

这里我们需要显示数字“9”“8”“7”“6”“5”“4”“3”“2”“1”“0”，因此，item变量的值也是从 9 开始依次递减变化的。设定 item 的初始值为 9，程序如图 4-7 所示。

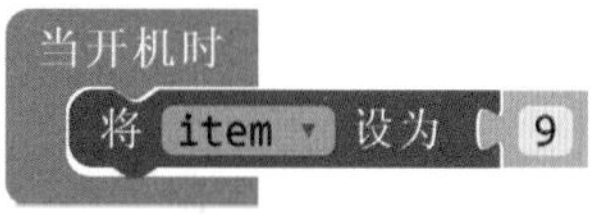

图4-7　设置变量初始值

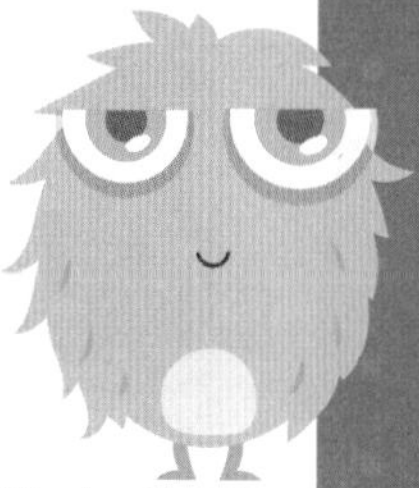

（二）延迟显示数字

在指令区中找到并单击 基本 指令集，从下级菜单中找到 显示数字 0 模块，并把它拖曳到编程区的“无限循环”模块中，将变量“0”换成变量 item，即 无限循环 显示数字 item。现在我们需要延时 1 秒，即1000毫秒，从前面的学习可以知道，这里时间设置应为 400 毫秒，即 暂停（ms）400，这样就可以实现延时 1 秒的效果，即 无限循环 显示数字 item 暂停（ms）400。

（三）定义倒计时变量值

这里，倒计时变量是 item，程序运行时它会每次自动减 1，因此“变量值”应设为“-1”，即 以 -1 为幅度更改 item。

（四）对变量进行判断

在指令区中找到 逻辑 指令集，从下级菜单中找到 0 < 0 以及 如果为 true 则 模块，将第一个模块中的第一个“0”换为变量 item，即 item < 0，并将此模块放在“判断”模块中，即 如果为 item < 0 则。程序运行时，如果 item 的值小于 0，重新设定变量 item 的值为 9，倒计时重新开始，即 如果为 item < 0 则 将 item 设为 9。

根据程序设计思路，循环结构"倒计时"完整的程序如图4-8所示。

当开机时
　将 item 设为 9

> 程序启动时，设定变量 item 的初始值为 9

无限循环
　显示数字 item
　暂停 (ms) 400
　以 -1 为幅度更改 item
　如果为 item < 0
　则 将 item 设为 9

> 显示变量 item 的值，暂停 400 毫秒（实际暂停 1 秒）

> item 的值每次递减 1

> 当 item <0时，重新设定变量 item 的值为 9，倒计时重新开始

图4-8　循环结构"倒计时"程序

程序分享地址

https://makecode.microbit.org/33282-44083-37373-75996

温馨提示

　　循环结构是指在程序中需要重复执行某个功能而设置的一种程序结构，被重复执行的程序段被称为循环体。循环结构由循环体中的条件判断来决定继续执行某个功能还是退出循环。循环结构可以减少源程序重复书写的工作量。

巩固和提高

　　还有没有其他方法实现倒计时效果呢？

Lesson 5
呼吸灯

微信扫码
看本课微视频

前面我们学习了用 micro:bit 来做倒计时，现在让我们来做一个全新的设计——呼吸灯。我们要让 micro:bit 上的LED灯从最暗到最亮，然后再从最亮到最暗进行交替变化，并且不断重复执行，从而实现呼吸灯的效果。

一、模块选择

（一）认识新模块

要实现"呼吸灯"效果，我们需要用到的新模块是"变量递增"模块、"设置亮度"模块和"加法运算"模块，可以分别从 ⟳ 循环 指令集、◐ LED 指令集下的 ⋯ 更多 ，以及 ▦ 数学 指令集中找到它们。它们的主要功能如表5-1所示。

表5-1　认识新模块

模块	名称	指令描述	取值范围
对于从 0 至 4 的 索引 执行	变量递增	设定变量从 0 开始，递增到指定的数，每次递增的值为 1。其中"索引"是变量的名称，可从下拉框中选定	0 ~ 2 147 483 647
◐ 设置亮度 255	设置亮度	设置屏幕亮度	0 ~ 255
0 - 0	减法运算	返回两个数字的差	–2 147 483 647 ~ 2 147 483 647

💡 **温馨提示**

"加法运算"模块里的运算符号可以通过单击"-"号后面的倒三角形进行选择，可以实现加、减、乘、除和乘方的运算。

（二）需要用到的旧模块

除了以上新模块，还需要用到前面学习过的一些模块，如表5-2所示。

表5-2　需要用到的旧模块

模块	名称	功能描述	取值范围
当开机时	当开机时	程序启动时只执行一次。通常我们把程序初始化部分的功能放在这里面	–
无限循环	无限循环	程序不断地重复运行。通常我们把需要不断地重复运行的程序放在这里面	–
显示图标	显示图标	在 LED 屏幕上绘制选定的内置图标	内置的 40 种图标
暂停（ms）100	暂停	暂停以毫秒为单位的指定时间，1000毫秒等于1秒	0～2 147 483 647

二、程序设计思路

"呼吸灯"程序的设计思路如图5-1所示。

以 0 为亮度值
显示大心形

↓

变量 item
赋初值为 0

↓

以 item 为亮度值
显示大心形

↓

设变量
item=item+1

↓

变量
item>255?　N
　　　　　Y

设变量
item=0

以 255–item
为亮度显示大心形

设变量
item=item+1

变量
item>255?　Y
　　　　　N

图5-1　"呼吸灯"程序设计思路

三、程序编写

（一）初始化程序

1. 从指令区中找到并单击 [LED] 指令集，选择 [更多] ，从下级菜单中找到 [设置亮度 255] 模块，并把它拖曳到右方的编程区，把设置亮度数值"255"改为"0"，然后把它放到模块 [当开机时] 里面。

2. 从指令区中找到并单击 [基本] 指令集，从下级菜单中找到 [显示图标] 模块，把它拖曳到右方的编程区，然后把它放到模块 [当开机时] 里面，完成后程序如图5-2所示。

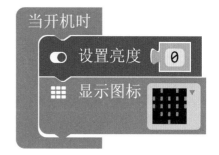

图5-2 初始化程序

（二）编写"从暗到亮"程序

设置亮度的变量为"item"，其以 1 为增量，从 0 变化到255，从而实现 LED 灯从暗到亮变化的效果。程序编写步骤如下：

1. 从指令区中找到并单击 [循环] 指令集，从下级菜单中找到 [对于从 0 到 4 的索引] 模块，并把它拖曳到右方的编程区，然后把模块上的数值"4"改成"255"，单击"索引"右边的小三角形，把"索引"改成变量"item"。

2. 从指令区中找到并单击 [LED] 指令集，选择 [更多] ，从下级菜单中找到 [设置亮度 255] 模块，把它拖曳到右方的编程区。

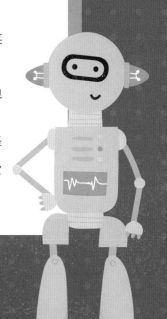

3．从指令区中找到并单击 **三 变量** 指令集，从下级菜单中找到模块 **item ▾**，并把它拖曳到 **设置亮度 255** 模块原来 "255" 的位置，即变成 **设置亮度 item ▾**，然后把它放到 **对于从 0 至 255 的 item 执行** 模块里面。

4．从指令区中找到并单击 **基本** 指令集，从下级菜单中找到 **暂停 (ms) 100** 模块，把它拖曳到右方的编程区，并把模块中的 "100" 毫秒改成 "10" 毫秒，然后把它放到 **对于从 0 至 255 的 item 执行** 模块里面。

"从暗到亮" 程序如图 5-3 所示。

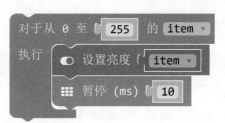

图5-3 "从暗到亮" 程序

（三）编写 "从亮到暗" 程序

与上面程序不同的是设置亮度的值由一个含有变量的式子 "255-item" 来表示。当变量 "item" 以 1 为增量，从 0 变化到 255 的值时，设置亮度的变量式子 "255-item" 就以 1 为减量，从 255 递减到 0，从而实现LED灯从亮到暗的变化过程。其程序编写步骤如下：

1．从指令区中找到并单击 **LED** 指令集，选择 **… 更多**，从下级菜单中找到 **设置亮度 255** 模块，把它拖曳到右方的编程区。

2. 从指令区中找到并单击 数学 指令集，从下级菜单中找到 0 + 0 模块，并把它拖曳到右方的编程区 设置亮度 255 模块中的"255"中，再将模块上的第一个"0"改成255，第二个"0"改成 item 模块，然后单击加号右边的小三角形把"+"改成"−"，最后得到的模块是 设置亮度 255 − item 。

"从亮到暗"程序如图 5-4 所示。

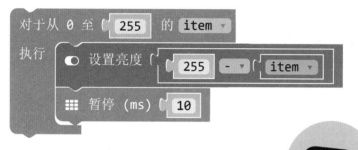

图5-4 "从亮到暗"程序

最后，把编写好的"从暗到亮"的模块和"从亮到暗"的模块按顺序放入 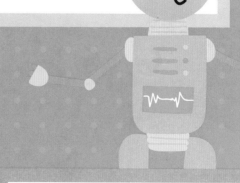 无限循环 模块中，得到完整的程序具体如图 5-5 所示。

当开机时
设置亮度 0
显示图标

> 以亮度 0 显示大心形，即没有显示任何东西，为后面改变大心形的亮度做准备

无限循环
对于从 0 至 255 的 item
执行　设置亮度 item
　　　暂停 (ms) 10

> 设定变量 item 从 0 变化到255，每次递增 1，并以 item 为亮度显示大心形，即从 0，1，2，3，…，255 为亮度显示大心形。每 10 毫秒为改变间隔

对于从 0 至 255 的 item
执行　设置亮度 255 - item
　　　暂停 (ms) 10

> 设定变量 item 从 0 变化到 255，每次递增 1，并以 255-item 为亮度显示大心形，即从 255，254，253，…，0 为亮度显示大心形。每 10 毫秒为改变间隔

图5-5 "呼吸灯"完整程序

程序分享地址

https://makecode.microbit.
org/55351-38810-20147-
00942

巩固和提高

上面的程序，只用了一种方法实现呼吸灯效果。能不能用更多方法实现呼吸灯效果呢？

Lesson 6
逐行扫描

微信扫码
看本课微视频

这节课我们利用 micro:bit 实现一种特别的点灯效果——逐行扫描。具体达到的效果是：从 LED 屏幕左上角的第一个 LED 灯开始点亮，然后向右依次点亮每一个 LED 灯，待第一行灯全部亮起后，从第二行左边第一个灯开始继续点亮，一直到 25 个 LED 灯点阵全部点亮为止，接着把灯全部灭掉。之后又重新开始演示刚才的过程，整个效果如图 6-1 所示。

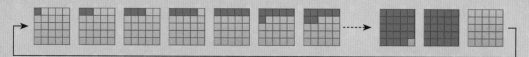

图6-1　逐行扫描示意图

6.1　顺序结构实现"5 个 LED 灯逐个扫描"

学习制作"逐行扫描"效果之前，我们先学习如何制作"让 5 个 LED 灯逐个扫描"的效果。

一、模块选择

我们之前学习过顺序结构实现"倒计时"的程序，就是将 9，8，7，…，1，0 一个一个数字显示。要实现"5 个 LED 灯逐个扫描"的效果，我们也可以用同样的方法，具体程序如图6-2所示。

从图6-2 中可以看出，若使用"显示 LED"模块实现"5 个 LED 灯逐个扫描"效果，程序会很长，如果用同样的方法制作"25 个 LED 灯逐行扫描"效果，程序就会更长了。下面，我们将学习用更简洁的方法实现"5 个 LED 灯逐个扫描"。

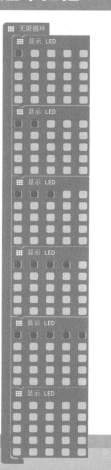

图6-2　5 个 LED 灯逐个扫描

（一）认识新模块

要用简洁的方法实现"5 个 LED 灯逐个扫描"效果，我们需要用到的新模块是"绘图"模块和"清空屏幕"模块，可以分别从 ⬤ LED 指令集和 ⊞ 基本 指令集下的 ⋯ 更多 中找到它们。它们的主要功能如表 6-1 所示。

表6-1　认识新模块

模块	名称	功能描述	取值范围
⬤ 绘图 x [0] y [0]	绘图	使用 X、Y 坐标打开指定的LED（X 为横轴，Y 为纵轴）。（0,0）表示左上方	0～4
⊞ 清空屏幕	清空屏幕	关闭所有的 LED	－

（二）需要用到的旧模块

除了以上新模块，还需要用到前面学习过的一些模块，如表 6-2 所示。

表6-2　需要用到的旧模块

模块	名称	功能描述	取值范围
⊞ 无限循环	无限循环	程序不断地重复运行。通常我们把需要不断地重复运行的程序放在这里面	－
⊞ 暂停（ms）[100]	暂停	暂停以毫秒为单位的指定时间，1000 毫秒等于 1 秒	0～2 147 483 647

（三）认识LED灯坐标

使用"绘图"模块和"清空屏幕"模块之前，我们先认识一下什么是 LED 灯的坐标。"绘图"模块中有 2 个参数，分别是 X 和 Y，其中 X 代表 LED 灯的 X 坐标，Y 代表 LED 灯的 Y 坐标。如图 6-3 所示就是 25 个 LED 灯的坐标图，括号中左边的数字代表 X，右边的数字代表 Y。

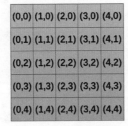
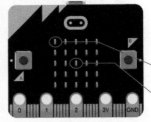

图6-3　25 个 LED 灯的坐标

（四）使用"绘图"模块点亮 LED 灯

通过图 6-3，我们可以清楚看到，使用  模块可以很方便地点亮某个 LED 灯，如需点亮其他 LED 灯，直接修改 X 和 Y 的值即可（如图6-4 ）。

图6-4　使用绘图模块点亮（0,0）坐标LED灯

如图 6-5 所示的程序即可实现点亮第一排 LED 灯的效果。

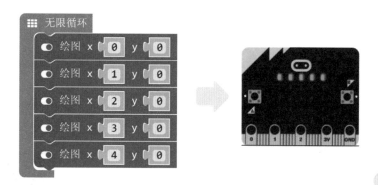

图6-5　使用"绘图"模块点亮第一排 LED 灯

温馨提示

通过前面的学习，我们知道，当使用 显示 类模块显示图标、数字或者字符串时，每个信息显示完毕后，程序会默认暂停 600 毫秒，从而形成一种延时显示的效果。然而，当如图 6-5 所示的程序编写完成后，从模拟演示区中我们可以发现 5 个 LED 灯是一直亮着的，并没有延时显示。这是因为，使用 绘图 x 0 y 0 模块点亮 LED 灯时，程序并不会默认暂停 600 毫秒，这是 绘图 x 0 y 0 模块的特点。因此，要实现" 5 个 LED 灯逐个扫描"的效果，我们还需要手动添加"暂停"模块以及"清空屏幕"模块。具体请看下面的分析。

二、程序设计思路

用顺序结构实现"5 个 LED 灯逐个扫描"程序的设计思路如图 6-6 所示。

三、程序编写

根据前面的分析以及程序设计思路，使用"绘图"模块实现"5 个 LED 灯逐个扫描"的完整程序设计如图 6-7 所示。

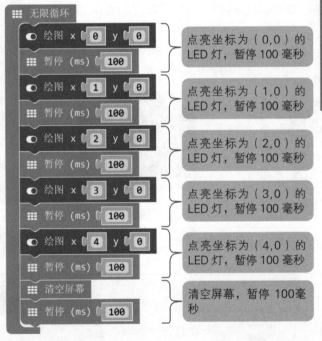

图6-7 使用"绘图"模块实现"5 个 LED 灯逐个扫描"

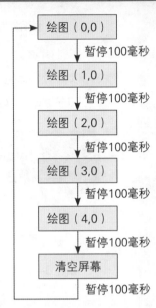

图6-6 顺序结构实现"5 个 LED 灯逐个扫描"程序设计思路

程序分享地址

https:// makecode.microbit.org/59707-51845-82533-57688

从图 6-7 可以看出，使用"绘图"模块实现"5 个 LED 灯逐个扫描"的效果，程序比起使用"显示 LED"模块已经简洁很多。但是，实现 LED 灯逐行扫描的效果，需要点亮的 LED 灯是 25 个，而不是 5 个，假如我们使用以上方法编写程序，程序并不见得很简洁。下面我们将继续优化程序，无论是"5 个 LED 灯逐个扫描"，还是"25 个 LED 灯逐行扫描"，都希望做到简洁易懂。

6.2 循环结构实现 "5 个 LED 灯逐个扫描"

　　我们先观察一下图 6-7 程序中的 `● 绘图 x 0 y 0` 模块，X 值从 0 到 4 是逐一递增的，而 Y 值没有变化。其实，类似这种某个数据量逐步递增的情况，在编写程序过程中会经常碰到。如果每次都让程序编写人员编写一大堆代码才能实现变量递增功能，不仅工作量大，而且容易出错。所以， MakeCode 在线编程设计者，早已经在指令区中为我们设计了专用的变量递增模块，只需要用　个模块，就可以实现以上功能。相信你已经想到了，我们学习制作 "呼吸灯" 时就已经使用过这个模块，它就是 `对于从 0 至 4 的 索引` `执行` 模块了。

一、模块选择

（一）认识新模块

　　要使程序更加简洁，我们需要用到的新模块是 `设置变量` 模块，从 `☰ 变量` 指令集中可以找到它。它的主要功能如表 6-3 所示。

表6-3　认识新模块

模块	名称	功能描述	取值范围
`设置变量`	设置变量	添加自定义变量，名称自定	—

（二）需要用到的旧模块

除了以上新模块，还需要用到前面学习过的一些模块，如表6-4所示。

表6-4　需要用到的旧模块

模块	名称	功能描述	取值范围
无限循环	无限循环	程序不断地重复运行。通常我们把需要不断地重复运行的程序放在这里面	–
对于从 0 至 4 的 索引 执行	变量递增	设定变量从 0 开始，递增到指定的数，每次递增的值为 1。其中"索引"是变量的名称，可从下拉框中选定	0 ~ 2 147 483 647
绘图 x 0 y 0	绘图	使用 X、Y 坐标打开指定的 LED（X 为横轴，Y 为纵轴）。（0,0）表示左上方	0 ~ 4
暂停（ms）100	暂停	暂停以毫秒为单位的指定时间，1000 毫秒等于 1 秒	0 ~ 2 147 483 647
清空屏幕	清空屏幕	关闭所有的 LED	–

（三）添加自定义变量"X"

通过前面分析可知，我们需要添加一个自定义变量，在此我们把它命名为"X"。然后设置"X"的值从 0 到 4 递增，并把变量"X"的值赋值给 绘图 x 0 y 0 模块中的 X 即可。添加自定义变量的方法如图6-8所示。

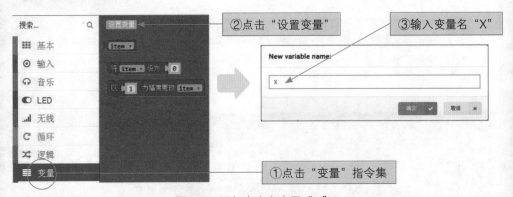

图6-8　添加自定义变量"X"

二、程序设计思路

用循环结构实现"5个LED灯逐个扫描"程序的设计思路如图6-9所示。

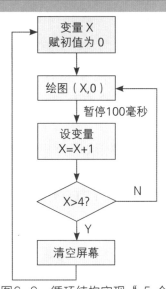

图6-9 循环结构实现"5个LED灯逐个扫描"程序设计思路

三、程序编写

我们先把"变量递增"模块中的变量"索引"改成变量"X",如图6-10所示。

图6-10 把"变量递增"模块中的"索引"改成变量"X"

根据前面的分析以及程序设计思路,优化后的"5个LED灯逐个扫描"的完整程序设计如图6-11所示。

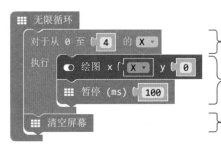

设定变量X从0变化到4,每次递增1

以X的值为X坐标,0为Y坐标,点亮对应坐标的LED灯,即点亮坐标(0,0),(1,0),(2,0),(3,0),(4,0)的LED灯。每100毫秒为改变间隔

当X=4时,清空屏幕

图6-11 优化后的"5个LED灯逐个扫描"效果程序

程序分享地址

https:// makecode.
microbit.org/77559-
94052-38580-59688

6.3 逐行扫描

"5 个 LED 灯逐个扫描"的效果我们已经实现了，那么整个 LED 屏幕 25 个 LED 灯"逐行扫描"的效果，应该怎么做呢？

一、模块选择

要实现"逐行扫描"效果，并不需要使用新的模块，我们只需要使用制作"5 个 LED 灯逐个扫描"效果所使用的模块即可，具体如表 6-5 所示。

表6-5　需要用到的旧模块

模块	名称	功能描述	取值范围
无限循环	无限循环	程序不断地重复运行。通常我们把需要不断地重复运行的程序放在这里面	—
设置变量	设置变量	添加自定义变量，名称自定	—
对于从 0 至 4 的索引 执行	变量递增	设定变量从 0 开始，递增到指定的数，每次递增的值为 1。其中"索引"是变量的名称，可从下拉框中选定	0~2 147 483 647
绘图 x 0 y 0	绘图	使用 X、Y 坐标打开指定的 LED（X 为横轴，Y 为纵轴）。（0,0）表示左上方	0~4
暂停 (ms) 100	暂停	暂停以毫秒为单位的指定时间，1000 毫秒等于 1 秒	0~2 147 483 647
清空屏幕	清空屏幕	关闭所有的 LED	—

二、程序设计思路

"逐行扫描"程序
的设计思路如图 6-12
所示。

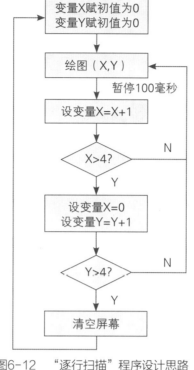

图6-12 "逐行扫描"程序设计思路

三、程序编写

（一）添加自定义变量"Y"

从 25 个 LED 灯的坐标图我们可以发现，X 和 Y 的坐标都是从 0 到 4。实现"5 个 LED 灯逐个扫描"效果时，我们添加了变量"X"，下面我们需要继续添加自定义变量"Y"。使用两个变量，即可实现逐行扫描的效果。添加自定义变量"Y"的方法可参照图 6-8 中添加自定义变量"X"的方法。

（二）完成逐行扫描程序

"5 个 LED 灯逐个扫描"的程序中，当 X=4 时，第一行 LED 灯全点亮；而继续执行 X=X+1 时，结果 X>4，X 的值会自动重新变成 0。通过观察如图 6-13 所示的 LED 坐标图可知，当X的值重新变成 0 后，我们只需要使 Y 值也从 0 到 4 逐一递增，就可以点亮第二、第三、第四和第五行的 LED 灯。当全部 LED 灯都点亮后，清空屏幕，X、Y 的值将全部变回 0，LED 灯从坐标（0,0）重新开始被点亮。这样，整个"逐行扫描"效果程序就完成了，具体程序如图 6-14 所示。

(0,0)	(1,0)	(2,0)	(3,0)	(4,0)
(0,1)	(1,1)	(2,1)	(3,1)	(4,1)
(0,2)	(1,2)	(2,2)	(3,2)	(4,2)
(0,3)	(1,3)	(2,3)	(3,3)	(4,3)
(0,4)	(1,4)	(2,4)	(3,4)	(4,4)

图6-13 25个LED灯的坐标

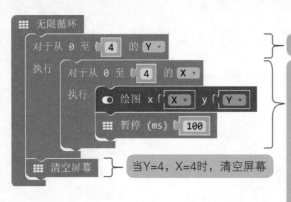

设定变量 Y 从 0 变化到 4，每次递增 1

①当 Y=0 时，点亮 X 坐标从 0 到 4，Y 坐标为 0 的 LED 灯；
②当 Y=1 时，点亮 X 坐标从 0 到 4，Y 坐标为 1 的 LED 灯；
③当 Y=2 时，点亮 X 坐标从 0 到 4，Y 坐标为 2 的 LED 灯；
④当 Y=3 时，点亮 X 坐标从 0 到 4，Y 坐标为 3 的 LED 灯；
⑤当 Y=4 时，点亮 X 坐标从 0 到 4，Y 坐标为 4 的 LED 灯。
以上每次点亮 LED 灯的间隔均为 100 毫秒

当Y=4，X=4时，清空屏幕

图6-14 使用"变量递增"模块实现"逐行扫描"效果

使用"变量递增"模块实现逐行扫描效果，程序变得简洁多了，你学会了吗？

程序分享地址

https:// makecode.
microbit.org/65119-574
06-36677-70166

巩固和提高

1. 以上两个程序，都没有初始化 X、Y 的值为 0，为什么没有影响？

2. 使用"变量递增"模块实现逐行扫描效果时，我们是先设置 Y 的值从 0 到 4 逐一递增，再设置 X的值从 0 到 4 逐一递增，反过来行不行呢？说说你的看法！

3. 如图 6-15 和图 6-16 所示的两个程序都没有使用"变量递增"模块，但也可以实现"5 个 LED 灯逐个扫描"和"逐行扫描"效果。动手试一试，并说说它们是用了什么新的模块实现的。

程序启动时，设定变量 X 的值为 0

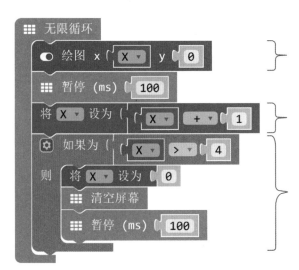

以 X 的值为 X 坐标，0 为Y坐标，点亮对应坐标的 LED 灯

将变量 X 的值设为 X+1，得到的值重新赋值给 X

当变量 X>4 时，将变量 X 的值设为 0，并清空屏幕、暂停 100 毫秒；否则，重复执行前面的模块，根据 X 值的变化点亮相应的 LED 灯

图6-15　"5 个 LED 灯逐个扫描"——没有使用"变量递增"模块

程序分享地址

https:// makecode.
microbit.org/09952-212
23-70933-87173

图6-16 "逐行扫描"——没有使用
"变量递增"模块

① 程序启动时，设定变量 X 的值为 0，变量Y的值为 0

② 以 X 的值为 X 坐标，Y 的值为Y 坐标，点亮对应坐标的 LED 灯，暂停 100 毫秒；设定变量 X 的值为 X+1，得到的值重新赋值给 X

③ 当变量 X >4 时，执行里面的模块；否则，重复执行②的模块

④ 将变量 X 的值设为 0，将变量 Y 的值设为 Y+1，得到的值重新赋值给 Y

⑤ 当变量 Y>4 时，清空屏幕，并将变量 X 和 Y 的值都设为 0，暂停 100 毫秒；否则，重复执行④的模块

程序分享地址

https:// makecode.
microbit.org/44108-719
95-66952-09141

温馨提示

在如图 6-15 和图 6-16 所示的两个程序中，

将 X 设为 X + 1 模块可能不太好理解。

按照数学思维，它就是一条等式：X=X+1。但我们学习数学都知道，这条等式并不成立啊！

其实，这在前面已提到过，在编写程序过程中，类似的情况会经常用到，它并不是等式，而是一条"赋值"语句。它的意思是，把 X 的值变成 X+1，然后重新赋值给 X。例如，假设原来 X=0，经过赋值语句X=X+1后，X 的值就变成 1；假设原来 X=1，经过赋值语句 X=X+1 后，X 的值就变成 2。程序就是通过这种方式，使 X 的值一点一点地增加。当 X>4 时，代表第一行 5 个 LED 灯全亮了，执行清空屏幕的操作，并把X重新赋值为 0。你理解了吗？输入程序，试试看！

按钮

unit 3

Lesson 7
按钮开关

微信扫码
看本课微视频

在我们身边，有许多电子产品都是通过"按钮"来控制开关的，比如台灯、烧水壶、电视等。micro:bit 内置了 A、B 两个按钮和 25 个 LED 灯，我们可以利用它们做出许多有趣的交互作品。前面我们已经学习了点亮 LED 灯，知道如何在 micro:bit 上显示图形、数字、字符串和一些动态效果等。下面我们将利用"按钮"来控制它们在 micro:bit 上的显示。

7.1 简单按钮开关

micro:bit 上内置了两个按钮，按钮 A 和按钮 B，具体如图7-1所示。下面让我们做一个简单按钮开关的程序，达到的效果是：当我们按其中一个按钮时，灯打开，再按同一个按钮时，灯关闭。

图7-1　micro:bit 按钮

一、模块选择

要实现"简单按钮开关"效果，我们需要用到的新模块是"按钮"模块和"切换 LED 状态"模块，可以分别从 ⊙ 输入 指令集和 ◯ LED 指令集中找到它们。它们的主要功能如表 7-1 所示。

表7-1　认识新模块

模块	名称	功能描述	取值范围
当按钮 A ▼ 被按下时	按钮	当按下再松开按钮（A、B或同时按下 A+B）时执行操作	A，B，A+B
切换 x 0 y 0	切换 LED 状态	使用 X、Y 坐标切换指定的 LED 的状态。即原来是打开的就关闭，原来是关闭的就打开	0～4

二、程序设计思路

"简单按钮开关"程序的设计思路如图7-2所示。

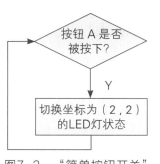

图7-2 "简单按钮开关"程序设计思路

三、程序编写

经过前面的学习，我们已经知道什么是 LED 灯的坐标，如图 7-3 所示。

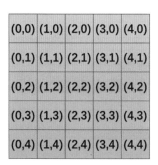

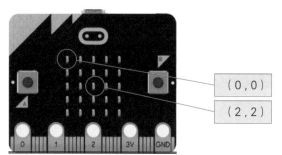

图7-3 25 个 LED 灯的坐标

现在我们做一个利用按钮开关坐标为（2，2）的 LED 灯的程序：按下按钮A时，坐标为（2，2）的 LED 灯点亮，再按一次，灯关闭。详细程序如图 7-4 所示。

当按钮 A 被按下时，切换坐标为（2，2）的 LED 灯的状态，原来是关闭的则点亮，原来是点亮的则关闭

图7-4 "简单按钮开关"程序

程序分享地址

https:// makecode.
microbit.org/53806-182
54-41739-41109

试一试，一个按钮开关灯就这样完成了，是不是很神奇！如果我们要切换其他灯的状态，只需将  模块中的参数更改为相应坐标即可。

7.2 程序拓展

（一）按钮控制显示心形

按钮不仅可以控制单盏开关灯，还可以控制显示图形、符号和数字等。如按钮控制显示心形，只需将"简单按钮开关"程序中 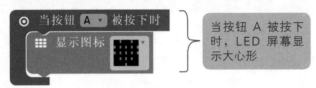 模块替换成  模块就可以了，如图 7-5 所示。通过修改程序，还可以实现按钮控制显示不同的图形、滚动符号或数字。

程序分享地址

当按钮 A 被按下时，LED 屏幕显示大心形

图7-5 "按钮控制心形"程序

https:// makecode.
microbit.org/02452-020
00-51155-57197

（二）多个按钮控制

micro:bit 上有两个按钮，点击下拉菜单 可以选择按钮 A、按钮 B 或按钮 A+B 控制程序。因此，我们可以设计一个多按钮控制的程序。

我们尝试实现以下功能：当按钮 A 被按下时，micro:bit 上显示字符"I"；当按钮 B 被按下时，显示心形；当按钮 A 和 B 同时被按下时，滚动显示字符串"china"，具体程序如图 7-6 所示。我们也可以自由想象，显示自己喜欢的字符或图形。

程序分享地址

https:// makecode.
microbit.org/70272-127
46-09227-80635

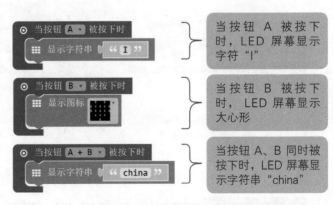

当按钮 A 被按下时，LED 屏幕显示字符"I"

当按钮 B 被按下时，LED 屏幕显示大心形

当按钮 A、B 同时被按下时，LED 屏幕显示字符串"china"

图7-6 "多按钮控制"程序

7.3 单个按钮开关所有灯

通过上面的小程序，我们已经初步了解 当按钮 A 被按下时 模块的使用了，我们可以利用它制作出控制开关的有趣作品。比如上一个实例中，我们用按钮开关一盏LED灯，那么能否实现按钮同时开关多盏LED灯，如开关25盏LED灯？答案是肯定的，接下来就让我们继续一起尝试吧！

一、模块选择

要实现"单个按钮开关所有灯"效果，并不需要使用新的模块，我们只需要使用前面学习过的一些模块即可，具体如表7-2所示。

表7-2　需要用到的旧模块

模块	名称	功能描述	取值范围
当按钮 A 被按下时	按钮	当按下再松开按钮（A、B或同时按下A+B）时执行操作	A, B, A+B
对于从 0 至 4 的 索引 执行	变量递增	设定变量从 0 开始，递增到指定的数，每次递增的值为 1。其中"索引"是变量的名称，可从下拉框中选定	0~2 147 483 647
切换 x 0 y 0	切换LED状态	使用 X、Y 坐标切换指定的 LED 的状态。即原来是打开的就关闭，原来是关闭的就打开	0~4

二、程序设计思路

"单个按钮开关所有灯"程序的设计思路如图7-7所示。

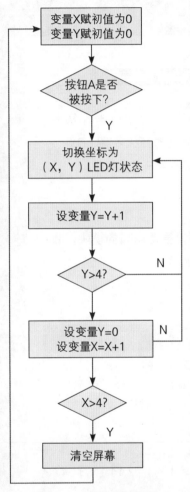

图7-7 "单个按钮开关所有灯"程序设计思路

三、程序编写

首先，我们找到 ☰ 变量 指令集，点击 设置变量。定义变量 X、Y，设定LED灯坐标为（X,Y），使变量 X、Y 的值在 0~4 之间不断递增变化，那么（X,Y）即可以表示出 micro:bit 上所有 LED 灯的坐标。

然后，利用 对于从 0 至 4 的 索引 执行 模块实现变量X、Y 在 0~4 范围内递增变化，每次递增1，在递增的同时执行 切换 x x y y 程序模块，切换 LED 灯状态，实现开关所有LED 灯的效果。

最后，完整的程序如图 7-8 所示。

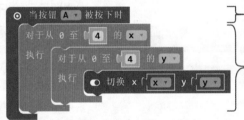

当按钮A被按下时

切换 X 坐标从 0 到 4，Y 坐标从 0 到 4 的 LED 灯（即所有 LED 灯）的状态。原来是关闭的则点亮，原来是点亮的则关闭

图7-8 "单个按钮开关所有 LED 灯"程序

程序分享地址

https:// makecode.microbit.org/57530-29484-49635-02528

巩固和提高

利用按钮你还能做出哪些好玩的程序吗？是否还有其他方法可以实现与上面两个程序相同的效果呢？

Lesson 8
加法运算

微信扫码
看本课微视频

我们可以很快算出 2+6 的结果等于 8，那我们能不能通过编写程序，用 micro:bit 来帮我们计算这道题呢？回答是肯定的，那现在就开始我们的"加法运算"程序设计吧！

一、模块选择

要实现"加法运算"功能，并不需要使用新的模块，我们只需要使用前面学习过的一些模块即可，具体如表 8-1 所示。

表8-1　需要用到的旧模块

模块	名称	功能描述	取值范围
当按钮 A ▼ 被按下时	按钮	当按下再松开按钮（A、B或同时按下 A+B）时执行操作	A, B, A+B
显示数字 0	显示数字	在 LED 屏幕上显示数字。每次显示一个数字，超过一个数字则滚动显示	-2 147 483 647 ~ 2 147 483 647
0 + ▼ 0	加法运算	返回两个数字的和	-2 147 483 647 ~ 2 147 483 647

二、程序设计思路

"加法运算"程序的设计思路如图 8-1 所示。

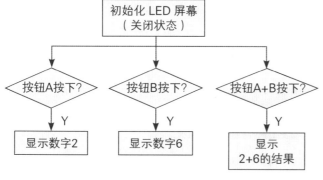

图8-1　"加法运算"程序设计思路

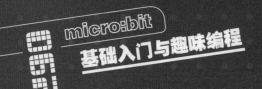

三、程序编写

利用上面这些模块，我们来编写计算数学题 2+6 的程序。

（一）编写“按 A 按钮”程序

编写“按 A 按钮”程序需要用到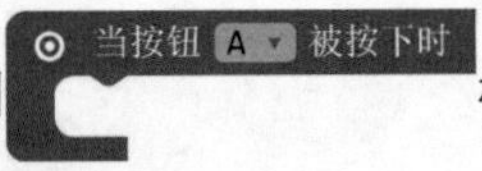
当按钮 A 被按下时
模块和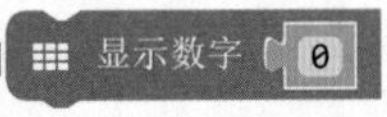
显示数字 0
模块，添加好后，只需要把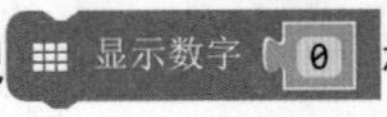
显示数字 0
模块中的“0”改成“2”即可，如图 8–2 所示。

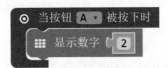

当按钮 A 被按下时
显示数字 2

图8-2 “按 A 按钮”程序

（二）编写“按 B 按钮”程序

编写“按 B 按钮”程序同样需要用到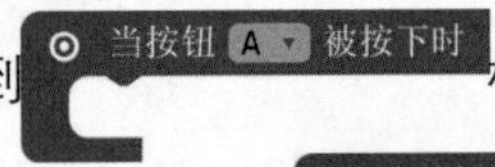
当按钮 A 被按下时
模块和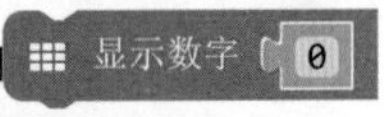
显示数字 0
模块，但我们需要把“A”改成“B”，变成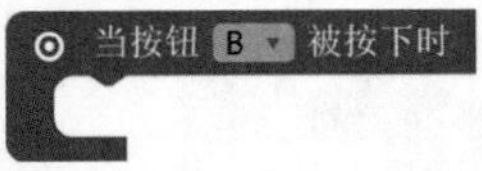
当按钮 B 被按下时
，同时把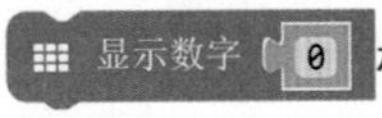
显示数字 0
模块中的“0”改成“6”，如图8–3所示。

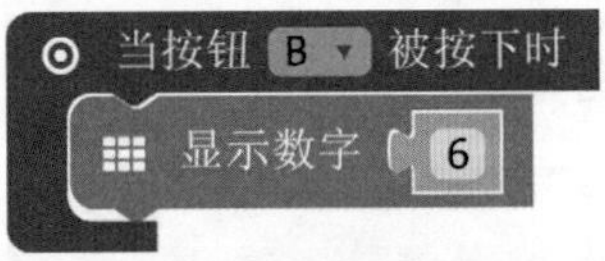
当按钮 B 被按下时
显示数字 6

图8-3 “按 B 按钮”程序

（三）编写同时“按A+B按钮”程序

这次我们除了用到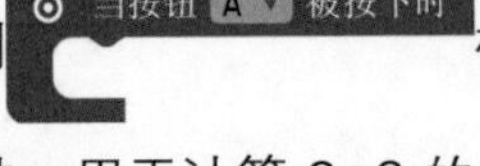
当按钮 A 被按下时
模块和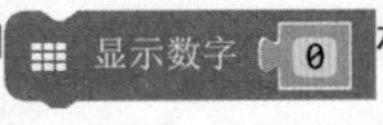
显示数字 0
模块，还需要用到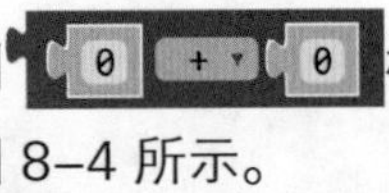
0 + 0
模块，用于计算 2+6 的值，编写好的“按 A+B 按钮”程序如图 8–4 所示。

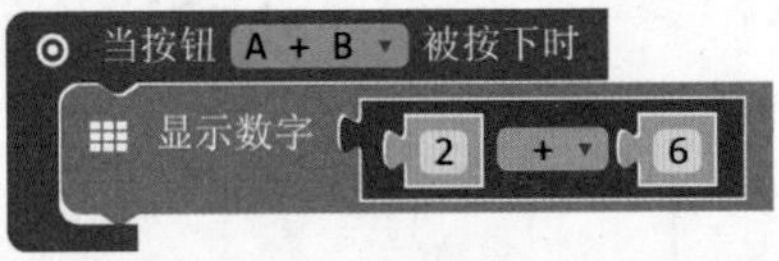
当按钮 A + B 被按下时
显示数字 2 + 6

图8-4 “按 A+B 按钮”程序

最后，完整的程序编写如图 8-5 所示。

当按钮 A 被按下时，LED 屏幕显示数字 2

当按钮 B 被按下时，LED 屏幕显示数字 6

当按钮 A 和 B 同时被按下时，LED 屏幕显示 2+6 的结果

图8-5   "加法运算"完整程序

程序分享地址

https:// makecode.
microbit.org/58107-344
81-69990-26570

巩固和提高

　　根据上面的程序，尝试换成其他的数字显示运算结果。此外，使用"数学"模块还可以做其他数学运算吗？

Lesson 9
计数器

微信扫码
看本课微视频

在学习和生活中，我们经常会遇到需要计数的情况。例如，篮球比赛需要记录得分，学习中的小组比赛也需要记录每个小组的分数。下面，我们就利用 micro:bit 制作一个计数器帮助我们计数。

一、模块选择

要实现"计数器"功能，并不需要使用新的模块，我们只需要使用前面学习过的一些模块即可，具体如表9-1所示。

表9-1 需要用到的旧模块

模块	名称	功能描述	取值范围
当开机时	当开机时	程序启动时只执行一次。通常我们把程序初始化部分的功能放在这里面	—
显示数字 0	显示数字	在LED屏幕上显示数字。每次显示一个数字，超过一个数字则滚动显示	−2 147 483 647 ~ 2 147 483 647
清空屏幕	清空屏幕	关闭所有的 LED	—
当按钮 A 被按下时	按钮	当按下再松开按钮（A、B 或同时按下A+B）时执行操作	A, B, A+B
将 item 设为 0	变量赋值	将变量的值设置为后面的"输入值"。其中"item"为变量名，可从下拉框中选定。"输入值"为数字类型	−2 147 483 647 ~ 2 147 483 647
以 1 为幅度更改 item	以指定幅度更改变量	以"输入值"为幅度更改变量的值，例如"输入值"为"1"，则表示变量item值加 1；如果"输入值"为"−1"，则表示变量item值减 1。其中的"输入值"为数字类型。"item"为变量名，可从下拉框中选定	−2 147 483 647 ~ 2 147 483 647

二、程序设计思路

我们编写的"计数器"程序从 0 开始计数，每按一次按钮 A，micro: bit 上的数加 1，不按就停止；每按一次按钮 B，micro:bit 上的数减 1，不按就停止；按钮 A 和 B 同时被按下，micro:bit 清除屏幕上显示的数字。

"计数器"程序的设计思路如图 9-1 所示。

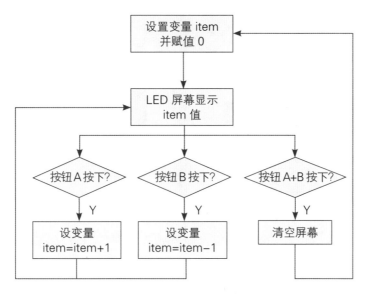

图9-1 "计数器"程序设计思路

三、程序编写

（一）初始化程序

我们设定程序启动时，变量 item 的值设为 0，并在屏幕上显示出 item 的值。这就需要用  模块、将 item 设为 0 模块和 显示数字 0 模块。编写好的初始化程序如图 9-2 所示。

图9-2 初始化程序

（二）编写"按 A 按钮"程序

"按A按钮"程序的作用是：每按一次 A 按钮，micro:bit 上面的数字加 1，并显示当前的数字。编写好的"按 A按钮"程序如图 9-3 所示。

图9-3　"按 A 按钮"程序

（三）编写"按 B 按钮"程序

"按B按钮"程序的作用是：每按一次B按钮，micro:bit 上面的数字减 1，并显示当前的数字。编写好的"按 B 按钮"程序如图 9-4 所示。

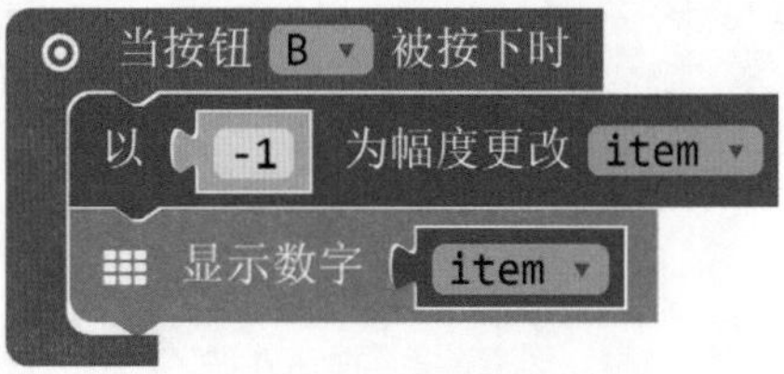

图9-4　"按 B 按钮"程序

（四）编写"按 A+B 按钮"程序

"按 A+B 按钮"程序的作用是：每按一次 A+B 按钮，micro:bit 清空屏幕，并且把变量 item 的值重新设为 0，接着在屏幕上把 item 的值显示出来。编写好的"按 A+B 按钮"程序如图 9-5 所示。

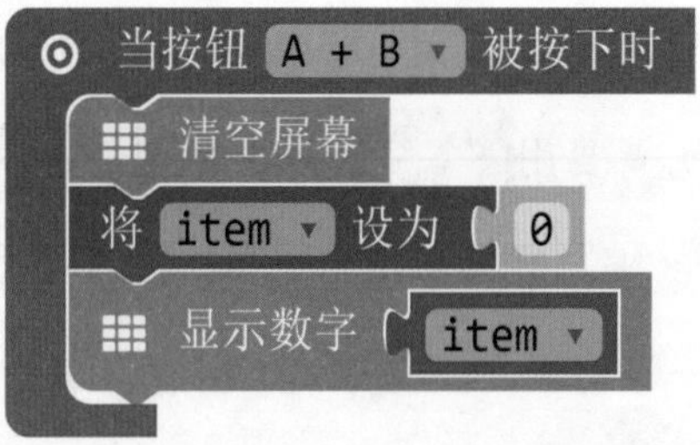

图9-5　"按 A+B 按钮"程序

编写好的"计数器"完整程序如图 9-6 所示。

程序启动时，变量 item 的值设为 0，并在屏幕上显示 item 的值

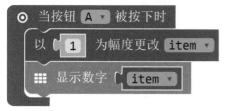

当按钮 A 被按下时，变量 item 的值增加 1，并在屏幕上显示 item 的值

当按钮 B 被按下时，变量 item 的值减少 1，并在屏幕上显示 item 的值

当按钮 A、B 同时被按下时，清空屏幕，变量 item 的值设为 0，并在屏幕上显示 item 的值

图9-6 "计数器"完整程序

程序分享地址

https:// makecode.mi crobit.org/58810-17455- 51986-10756

巩固和提高

尝试根据自己的爱好设计不同的按钮模块组合来编写或适当修改上面的程序内容，把它设计为"计时器"和"秒表"等。

micro. bit

基础入门与趣味编程

传感器

unit 4

Lesson 10
加速度传感器

微信扫码
看本课微视频

从本节开始我们一起学习 micro:bit 自带的几个有趣的传感器，通过对它们进行程序的设计，我们可以把它们激活并展示出更加有趣的效果。

我们先来学习 micro:bit 自带的加速度传感器。

加速度传感器也叫重力传感器，是一种能够测量加速度（描述物体速度变化快慢的物理量）的传感器，它可以判断手势、运动方向和倾斜角度等相关的数据。加速度传感器相对 micro:bit 的方向如图 10-1 所示，其中按钮 A 是 X 轴的正方向，USB 接口是 Y 轴的正方向，LED 屏幕是 Z 轴的负方向。

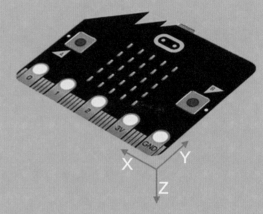

图10-1 加速度传感器方向说明

由于加速度传感器的工作原理相对复杂，我们在此不对其原理展开说明。这节课我们通过使用 micro:bit 加速度传感器的一些常用模块，感受一下加速度传感器的魅力。

10.1 模拟手机屏幕

我们知道，手机功能越来越强大，设计也越来越人性化。例如，有些手机可以做到当我们拿起手机且手机屏幕朝上时，屏幕可以自动唤醒；而当我们把手机屏幕水平朝下时，屏幕自动关闭。手机之所以能达到这种效果，是因为手机内置了一个叫做"加速度传感器"的组件。

这节课，我们就做一个模拟手机屏幕功能的小程序，效果是：当我们竖起 micro:bit 后，向不同方向旋转时，LED 屏幕一直显示向上的箭头；当 LED 屏幕水平向上时，LED 屏幕全亮；当 LED 屏幕水平朝下时，LED 屏幕关闭。

一、模块选择

（一）认识新模块

1. 认识"动作检测"模块。要实现"模拟手机屏幕"功能，我们需要用到动作检测模块 ，可以从 ⊙ 输入 指令集中找到 模块。它共有 11 种特定动作可以选择，具体如图 10-2 和表 10-1 所示。

图10-2 "动作检测"模块选项列表

表10-1 "动作检测"模块各选项介绍

模块	名称	选项	选项说明
当 振动 ▼	动作检测	振动	完成晃动动作时执行操作
		徽标朝上	USB 接口位置朝上时执行操作
		徽标朝下	USB 接口位置朝下时执行操作
		屏幕朝上	LED 屏幕水平朝上时执行操作
		屏幕朝下	LED 屏幕水平朝下时执行操作
		向左倾斜	LED 屏幕朝上然后往左倾斜时执行操作
		向右倾斜	LED 屏幕朝上然后往右倾斜时执行操作
		自由落体	完成自由落体（1g）动作时执行操作
		3g	完成 3g 动作时执行操作
		6g	完成 6g 动作时执行操作
		8g	完成 8g 动作时执行操作

温馨提示

"自由落体"就是把物体放到任意高度后，不施加任何力度只在重力的作用下自由掉落。"自由落体"动作所产生的力度我们在此称为"1g"动作。"3g""6g""8g"动作就是"自由落体"动作的 3 倍、6 倍、8 倍的力度。

通过上表，我们可以看到动作检测模块不同动作的具体意义是什么。现在从上表中挑选出 徽标朝上 、 徽标朝下 、 屏幕朝上 、 屏幕朝下 、 向左倾斜 、 向右倾斜 6 种动作，用于模拟手机屏幕功能小程序的设计。其中， 徽标朝上 、 徽标朝下 、 向左倾斜 、 向右倾斜 4 种动作，micro:bit 实际朝向如表 10-2 所示。

表10-2　不同动作，micro:bit 的实际朝向

选项	指令效果	micro:bit 实际朝向
徽标朝上	USB接口位置朝上时执行操作	
徽标朝下	USB接口位置朝下时执行操作	
向左倾斜	LED屏幕朝上，然后往左倾斜时执行操作	
向右倾斜	LED屏幕朝上，然后往右倾斜时执行操作	

2. 认识"显示箭头"模块。要实现"显示箭头"功能，我们需要用到"显示箭头"模块，可以从 基本 指令集下的 更多 中找到"显示箭头"模块。它的主要功能如表 10-3 所示。

表10-3　"显示箭头"模块的各种效果

模块	名称	指令效果
显示箭头 东	显示"东"箭头	
显示箭头 南	显示"南"箭头	
显示箭头 西	显示"西"箭头	
显示箭头 北	显示"北"箭头	

3. 不同动作所对应的"显示箭头"模块。我们通过分析表 10-2 和表 10-3 可知，要实现当我们竖起 micro:bit 后，无论向哪个方向旋转，LED 屏幕一直显示向上的箭头，不同的朝向动作对应使用的显示箭头模块如表 10-4 所示。

表10-4 不同动作时应该使用的"显示箭头"模块

选项	micro:bit 实际朝向	箭头方向	对应的模块
徽标朝上			显示箭头 北
徽标朝下			显示箭头 南
向左倾斜			显示箭头 东
向右倾斜			显示箭头 西

（二）需要用到的旧模块

除了以上新模块，还需要用到前面学习过的一些模块，具体如表 10-5 所示。

表10-5 需要用到的旧模块

模块	名称	功能描述	取值范围
显示 LED	显示 LED	在 LED 屏幕上绘制图像	直接在 25 个点阵上绘制图像
清空屏幕	清空屏幕	关闭所有的 LED	–

二、程序设计思路

"模拟手机屏幕"程序的设计思路如图 10-3 所示。

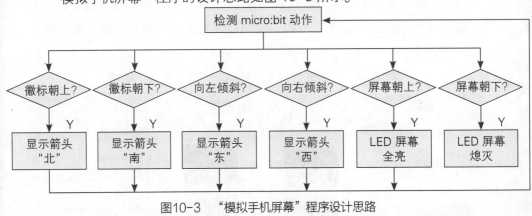

图10-3 "模拟手机屏幕"程序设计思路

三、程序编写

根据前面的分析以及程序设计思路，"模拟手机屏幕"完整程序设计如图 10-4 所示。

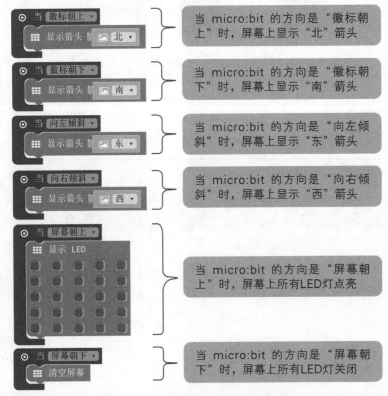

当 micro:bit 的方向是"徽标朝上"时，屏幕上显示"北"箭头

当 micro:bit 的方向是"徽标朝下"时，屏幕上显示"南"箭头

当 micro:bit 的方向是"向左倾斜"时，屏幕上显示"东"箭头

当 micro:bit 的方向是"向右倾斜"时，屏幕上显示"西"箭头

当 micro:bit 的方向是"屏幕朝上"时，屏幕上所有LED灯点亮

当 micro:bit 的方向是"屏幕朝下"时，屏幕上所有LED灯关闭

图10-4 "模拟手机屏幕"完整程序

程序分享地址

https:// makecode.mi
crobit.org/51705-16
718-94466-81989

四、善用模拟演示区

当程序编写完成后，我们可以试着把鼠标放在模拟演示区的 micro:bit 上随意移动，我们会发现 micro:bit 会跟随着鼠标的移动而做出相应的摆动。如图 10-5 所示显示了向不同位置移动鼠标后，micro:bit 的不同变化。

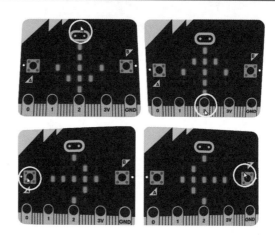

图10-5　向不同位置移动鼠标后 micro:bit 的不同变化

10.2　简易计步器

通过以上制作模拟手机屏幕的小程序，我们对加速度传感器有了一些认识。其实，在日常生活中，运动手环和手机上的计步器也是基于加速度传感器的原理实现的。也就是说，利用 micro:bit 的加速度传感器也可以制作出计步器，不过精度不是很高而已。下面，我们就利用 micro:bit 的加速度传感器，制作一个简易的记步器，具体功能如下：当我们晃动一次，代表我们走了一步，同时 micro:bit 的 LED 屏幕上显示晃动的次数；当我们按下按钮 A，步数重新计算。

一、模块选择

制作"简易计步器"，我们需要使用的模块依然是动作检测模块 ，而我们需要选择的动作就是 振动 ，它的主要功能如表 10-6 所示。

表10-6　动作检测模块"振动"选项介绍

模块	名称	选项	选项说明
当 振动	动作检测	振动	完成晃动动作时执行操作

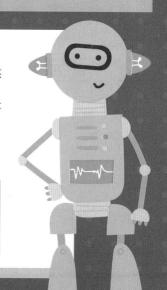

二、程序设计思路

"简易计步器"程序的设计思路如图 10-6 所示。

```
        ┌─────────────┐
        │ 设置变量 item │◄──────────────────┐
        │  并赋值 0    │                    │
        └──────┬──────┘                    │
               ▼                           │
        ┌─────────────┐                    │
  ┌────►│ LED 屏幕显示 │                    │
  │     │   item 值   │                    │
  │     └──┬───────┬──┘                    │
  │        ▼       ▼                       │
┌───────┐  Y  ◇       ◇  Y                 │
│设变量  │◄───◇micro:bit◇  ◇按钮 A 被◇─────┘
│item=item+1  ◇ 晃动?  ◇  ◇ 按下?  ◇
└───────┘     ◇       ◇  ◇       ◇
```

图10-6 "简易计步器"程序设计思路

三、程序编写

由于程序比较简单，在此不进行详细解说，"简易计步器"完整程序如图 10-7 所示。

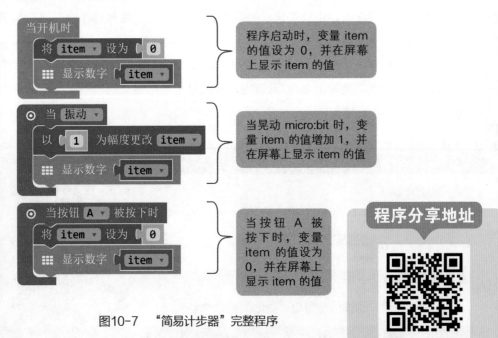

程序启动时，变量 item 的值设为 0，并在屏幕上显示 item 的值

当晃动 micro:bit 时，变量 item 的值增加 1，并在屏幕上显示 item 的值

当按钮 A 被按下时，变量 item 的值设为 0，并在屏幕上显示 item 的值

图10-7 "简易计步器"完整程序

程序分享地址

https:// makecode.
microbit.org/05576-71
164-83088-61446

四、善用模拟演示区

　　程序编写好后，我们留意一下屏幕左方的模拟演示区，除了可以看到 micro:bit 的 LED 屏幕有数字在滚动显示外，它的右上角还多了一个白色圆点和 SHAKE 单词。如图 10-8 所示，左边是默认情况，右边是编写完程序后的情况。

 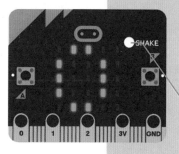

模拟晃动按钮

图10-8　模拟演示区 micro:bit 的不同状态

　　由于我们的程序是测试晃动次数的，我们不可能在模拟演示区中真的去晃动 micro:bit，所以演示区就通过不同的方法，方便程序编写人员实现各种模拟效果。就如我们前面编写模拟手机屏幕的程序，在 micro:bit 上移动鼠标就可以模拟倾斜效果。在这个程序中，我们只需要用鼠标单击右方的白色圆点，就可以模拟出晃动 micro:bit 的情况，赶快试试吧！

温馨提示

　　除了按白色圆点，你还能找到另一种模拟晃动的效果吗？

巩固和提高

　　请你发挥想象力，看看 micro:bit 自带的加速度传感器还能做什么。

Lesson 11
光线传感器

微信扫码
看本课微视频

　　通过前面的学习，我们已经感受到了小小的一块 micro:bit 板子竟藏有这么多功能。这节课，我们将一起来学习 micro:bit 的另一个传感器——光线传感器。

　　严格来说，micro:bit 是没有光线传感器的，它只是利用了 micro:bit 的 LED 屏幕矩阵可以用来感知周围环境光的功能来实现光线传感器的功能，即 LED 屏幕矩阵把感知环境光的亮度转换为电压值，再把电压值输入驱动器从而点亮 LED 屏幕矩阵的灯。这样就达到灯的亮度与周围环境光的亮度大致成正比的现象。

　　下面我们就来了解基于这种原理的 micro:bit 光线传感器的具体实现方式。

11.1　智能感光灯

　　夜幕降临，天慢慢变暗以后，路灯就会自动亮起来，这是如何做到的呢？其实，这是因为在路灯的控制电路板上，有一个光线传感器。当周围环境的亮度低于某个值时，光线传感器就会输出一个电信号驱动路灯点亮；同时当亮度高于某个值的时候，光线传感器又会输出另一个信号驱动路灯关闭，无须人工干预。

　　现在我们就参照以上原理，制作一个智能感光灯：当周围环境变暗时，它会变亮；当周围环境变亮时，它会变暗。实现根据环境亮度自动调节明暗度的功能。

一、模块选择

（一）认识新模块

制作"智能感光灯"，我们需要用到的新模块是"亮度级别"模块，可以从 ⊙ 输入 指令集中找到"亮度级别"模块。它的主要功能如表 11-1 所示。

表11-1　认识新模块

模块	名称	功能描述	取值范围
⊙ 亮度级别	亮度级别	读取当前 LED 屏幕的光线强度	0～255，0 代表最暗，255 代表最亮

（二）需要用到的旧模块

除了以上新模块，还需要用到前面学习过的一些模块，如表 11-2 所示。

表11-2　需要用到的旧模块

模块	名称	功能描述	取值范围
无限循环	无限循环	程序不断地重复运行。通常我们把需要不断地重复运行的程序放在这里面	–
设置亮度 255	设置亮度	设置屏幕亮度	0～255
显示 LED	显示 LED	在 LED 屏幕上绘制图像	直接在 25 个点阵上绘制图像
0 - 0	减法运算	返回两个数字的差	-2 147 483 647 ～ 2 147 483 647

在我们的日常生活中，光线的强度是用"流明"来表示，而 micro:bit 表示光线强度的值是用数值来表示，范围是 0~255，0 代表最暗，255 代表最亮（注：由于实现原理的特殊性，micro:bit 的精度不太高）。我们先编写一个小程序，读取当前环境的亮度级别数值，如图 11-1 所示。

程序分享地址

https:// makecode.
microbit.org/50685-5
9602-32396-08759

不断读取 micro:bit 当前环境的亮度级别，并实时显示在 LED 屏幕上

图11-1 "显示亮度级别"程序

程序编写完成后，我们留意一下屏幕左方的模拟演示区，可以看到 micro:bit 的 LED 屏幕除了有数字在滚动显示外，它的左上方还多了一个上半部分是黄色、下半部分是灰色组成的圆形，以及数字 128。如图 11-2 所示，左边是默认状态，右边是编写完程序后的状态。

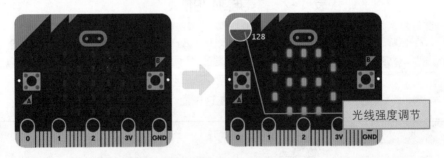

光线强度调节

图11-2 模拟演示区 micro:bit 的不同状态

这种情况就如我们测试加速度传感器时一样，是方便程序编写人员实现各种模拟效果而设置的。我们只需要在圆形上按住鼠标上下拖动，就可以随意改变光线强度值，LED 屏幕上的滚动数字也将随之改变。

程序完成后，把程序写入 micro:bit 中，就可以读取到当前环境的光线强度值了。当我们挡住 micro:bit 的一些光线时，它的值马上就会降低。现在我们把当前环境的光线强度值记录下来，下面编程时需要用到。

二、程序设计思路

"智能感光灯"程序的设计思路如图11-3所示，其中虚线框部分在上面的小程序中已经完成。

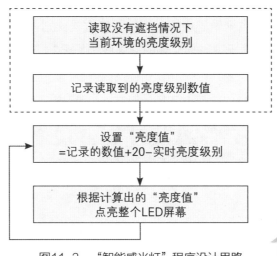

图11-3 "智能感光灯"程序设计思路

三、程序编写

（一）亮度级别为何加上20？

根据程序设计思路我们发现，需要把没有遮挡情况下当前环境的亮度级别值加上20后才减去实时亮度级别。这是为什么呢？

根据前文所述我们知道，micro:bit 的亮度级别取值范围是0～255，小于0的亮度级别是无效的。若我们把程序亮度级别设置为"−1"，如图11-4所示，则会得到以下结果：

（1）模拟演示区无法演示程序效果。

（2）程序没有出现错误警告。

（3）尝试把程序写入 micro:bit 后，整个 LED 屏幕依然会被点亮，但是以最高亮度被点亮，也就是设置亮度无效。

假设我们直接用没有遮挡情况下当前环境的亮度级别减去实时亮度级别，那么由于环境光线的轻微变化都会导致读取到的数据发生变化，这就很有可能导致最后得到的数值变成负数，如此一来，程序就有问题了。

图11-4 设置亮度为"−1"点亮 LED 屏幕

（二）为何不用255减去实时亮度值？

既然 micro:bit 的亮度级别取值范围是0～255，直接用255减去实时亮度级别作为点亮 LED 屏幕的亮度值不是更好吗？理想状态下是可以的，但实际效果并不理想。

表 11-3 中列举了由两种不同计算方式分别得到的亮度级别的数据变化表（以没有遮挡情况下当前环境的亮度级别为 60，被遮挡后亮度级别为 20 的情况进行说明）。

表11-3　两种不同计算方式，得到的亮度级别的数据变化

情况选择	被减数	减数(没遮挡时实时亮度级别)(假设值)	减数(有遮挡时实时亮度级别)(假设值)	无遮挡时LED灯点亮亮度	有遮挡时LED灯点亮亮度
亮度加20后的情况	80	60	20	80−60=20	80−20=60
直接使用255的情况	255	60	20	255−60=195	255−20=235

从表中可以看出，假设用 80 作为被减数，LED 灯点亮的亮度大约是 20 和 60，这两种亮度级别点亮的 LED 灯，我们很容易辨别。假如使用 255 作为被减数，LED 灯点亮的亮度是 195 和 235，这两种亮度级别点亮的 LED 灯，人眼很难看出区别，实验效果不理想。

根据程序设计思路，"智能感光灯"完整的程序如图 11-5 所示（假设没有遮挡情况下当前环境的亮度级别为 60）。

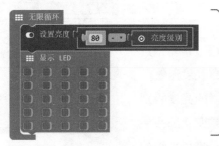

以80减去 micro:bit 当前环境的亮度级别为亮度值，点亮屏幕上所有 LED灯

图11-5　"智能感光灯"完整程序

程序分享地址

https:// makecode.
microbit.org/22352-9
5483-63863-70298

11.2　手势灯

下面我们继续探究光线传感器的另外一种应用——手势灯。手势灯的效果是：当我们在 micro:bit 上挥手过去，LED 屏幕全亮，再挥手过去，LED 屏幕熄灭。

一、模块选择

（一）认识新模块

制作"手势灯"，我们需要用到的新模块可以从 [⚏ 逻辑] 指令集中找到它们，其主要功能如表 11-4 所示。

表11-4　认识新模块

模块	名称	功能描述	取值范围
false ▾	false	返回 true 或 false 值（真或假）	true, false
非	逻辑非	如果输入为 false，则返回 true； 如果输入为 true，则返回 false	–
如果为 true ▾ 则 否则	条件 判断	如果满足判断条件，则执行第一 个语句；否则，执行第二个语句	true, false, 自定条件

（二）需要用到的旧模块

除了以上新模块，还需要用到前面学习过的一些模块，如表 11-5 所示。

表11-5　需要用到的旧模块

模块	名称	功能描述	取值范围
当开机时	当开机时	程序启动时只执行一次。通常我们把程序初始化部分的功能放在这里面	–
无限循环	无限循环	程序不断地重复运行。通常我们把需要不断地重复运行的程序放在这里面	–
清空屏幕	清空屏幕	关闭所有的 LED	–
暂停 (ms) 100	暂停	暂停以毫秒为单位的指定时间，1000 毫秒等于1秒	0～2 147 483 647
显示 LED	显示 LED	在 LED 屏幕上绘制图像	直接在25个点阵上绘制图像
将 item ▾ 设为 0	变量赋值	将变量的值设置为后面的"输入值"。其中"item"为变量名，可从下拉框中选定。"输入值"为数字类型	–2 147 483 647 ～ 2 147 483 647
如果为 true ▾ 则	条件判断	如果满足判断条件，则执行里面语句	true, false, 自定条件
0 ＜ 0	逻辑判定	左右两个数进行对比，结果为真，则返回 true；否则，返回 false	–2 147 483 647 ～ 2 147 483 647
⊙ 亮度级别	亮度级别	读取当前 LED 屏幕的光线强度	0～255， 0代表最暗，255代表最亮

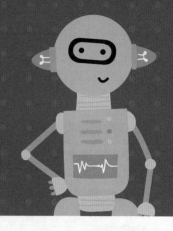

二、程序设计思路

"手势灯"程序的设计思路如图11-6所示。

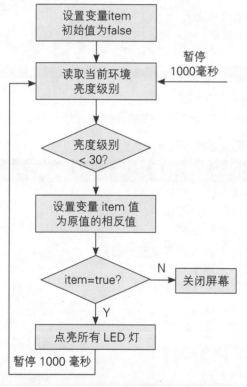

图11-6 "手势灯"程序设计思路

三、程序编写

（一）变量的新用法

在前面的课程中，我们已经学习过变量的使用，可以把指定的数赋值给变量。在这节课中，我们并不需要给变量赋予具体的数值，但需要赋予 false 或者 true 值，它们是两个相反的值（也就是"真"或者"假"）。程序初始化时，我们就把变量 item 设为 false 值，其中用于改变变量 item 值的模块组如图 11-7 所示。假设原来 item 的值为 false，则返回 true 值；假设原来 item 的值为 true，则返回 false 值。

将 item ▼ 设为 非 item ▼

图11-7 返回变量 item 的值的相反值

（二）如何判断是否有挥手动作发生？

当我们在 micro:bit 上挥手经过时，micro:bit 上的亮度级别会降低，所以我们通过判断亮度级别是否低于 30 来判断是否有挥手动作发生。假如当前环境亮度级别太高或者太低，可以自行修改数据，30 只是参考值。

（三）程序编写

根据程序设计思路，"手势灯"完整的程序如图 11-8 所示。

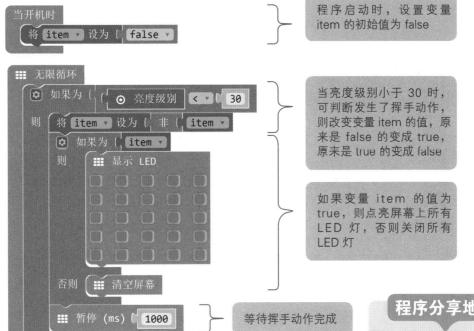

程序启动时，设置变量 item 的初始值为 false

当亮度级别小于 30 时，可判断发生了挥手动作，则改变变量 item 的值，原来是 false 的变成 true，原来是 true 的变成 false

如果变量 item 的值为 true，则点亮屏幕上所有 LED 灯，否则关闭所有 LED 灯

等待挥手动作完成

图11-8 "手势灯"完整程序

程序分享地址

https:// makecode.
microbit.org/95717-1
5910-42026-87170

巩固和提高

程序当中，暂停 1000毫秒的作用是什么？不添加行不行呢？

Lesson 12
温度传感器

前面我们已经认识了重力传感器、光线传感器。其实在 micro:bit 上还藏着一个十分实用的传感器，那就是——温度传感器。这一节课我们一起认识温度传感器，利用它不仅可以读取到实时温度，还可以制作一些和温度有关的实用性作品。

温度报警器

现代人越来越注重身体健康，喜欢参加户外运动的人也越来越多。如果有这样一个温度报警器，当户外温度超过35℃时自动发出报警信号，提醒我们现在的温度不适合外出活动，这将会大大提高安全性。这里我们设定温度超过30℃时即发出报警信号，下面就让我们一起来学习并制作有趣的报警器。

一、模块选择

（一）认识新模块

制作"温度报警器"，我们需要用到的新模块是"温度"模块，可以从 ⊙ 输入 指令集中找到它。它的主要功能如表12-1所示。

表12-1　认识新模块

模块	名称	功能描述	取值范围
⊙ 温度（℃）	温度	读取当前实时温度，单位为℃	–5～50℃

（二）需要用到的旧模块

除了以上新模块，还需要用到前面学习的一些模块，具体如表 12-2 所示。

表12-2 需要用到的旧模块

模块	名称	功能描述	取值范围
无限循环	无限循环	程序不断地重复运行。通常我们把需要不断地重复运行的程序放在这里面	—
如果为 true 则	条件判断	如果满足判断条件，则执行里面语句	true，false，自定条件
0 < 0	逻辑判定	左右两个数进行对比，结果为真，则返回 true，否则返回 false	−2 147 483 647 ~ 2 147 483 647
显示 LED	显示 LED	在 LED 屏幕上绘制图像	直接在 25 个点阵上绘制图像
暂停 (ms) 100	暂停	暂停以毫秒为单位的指定时间，1000 毫秒等于 1 秒	0 ~ 2 147 483 647
清空屏幕	清空屏幕	关闭所有的LED	—

结合 micro:bit 的 LED 屏幕的显示功能，我们可以将获取的实时温度显示在 LED 屏幕上。接下来，我们先通过一个小程序来认识温度传感器的使用。

我们将 输入 指令集中的 温度 (℃) 模块拖动到编程区，并将温度值用 显示数字 0 模块在屏幕上显示出来，程序如图 12-1 所示。

无限循环
显示数字 温度 (℃)

不断读取 micro:bit 当前环境的温度值，并实时显示在LED屏幕上

图12-1 "显示实时温度"程序

程序分享地址

https:// makecode.
microbit.org/52497-744
57-06540-63755

程序编写完成后，我们看到模拟演示区滚动显示 21℃，如图 12-2 所示。温度真的是 21℃吗？下载到 micro:bit 后，对比一下温度，发现两个温度不同，问题出在哪里呢？原来模拟演示区默认显示温度是 21℃，我们只需要用鼠标上下拖动模拟演示区左边的红色条形图高度，即可手动调节 −5 ~ 50℃ 范围内的温度。

想要显示当前的实际温度，我们还得将程序下载到 micro:bit 上，micro:bit 内置的温度传感器将告诉你当前环境的实际温度。

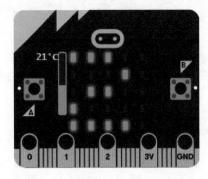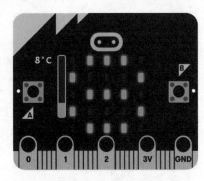

图12-2　模拟演示区显示效果

好奇的你一定想知道温度传感器藏在哪里，实际上，温度传感器就藏在右图红色矩形框住的位置上，如图 12-3 所示。如果用手指摸着这个芯片或对着芯片哈气，就可以看到 LED屏显示温度数值越来越大。

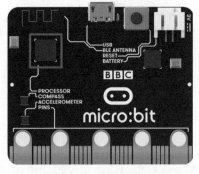

图12-3　温度传感器

二、程序设计思路

"温度报警器"程序的设计思路如图 12-4 所示。

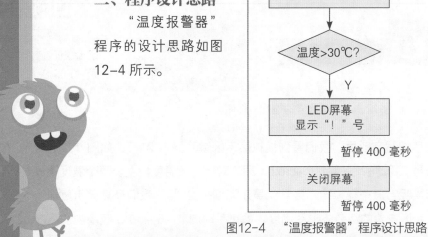

图12-4　"温度报警器"程序设计思路

三、程序编写

首先，将 指令集中的 拖动到编程区，将条件设置为 30 < 温度（℃），即当温度大于 30℃ 就执行程序。

然后，设置闪烁的报警信号灯。前面在 "Lesson 3　点亮 LED 屏幕" 一课中，我们学习了如何实现闪灯效果，这里我们将用到前面所学知识设置闪烁的报警信号灯。将 显示 LED 模块设置为 显示 LED，显示一个警示图标并延时 1 秒，接下来清除 LED 屏幕上的信息，然后再延时 1 秒，从而实现报警信号灯闪烁的效果。

最后，完整的程序如图 12-5 所示。

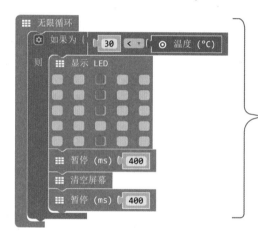

不断读取 micro:bit 当前环境的温度值。如果温度值大于 30，则在 LED 屏幕上显示 "！" 号，400 毫秒后关闭屏幕，再过 400 毫秒，重复以上过程

图12-5　"温度报警器" 程序

程序分享地址

https:// makecode.
microbit.org/29990-69
846-55856-80693

巩固和提高

利用温度传感器我们还能做出什么有趣的作品呢？前面，我们已经实现了当 "温度 >30℃" 时显示 "！"。那能不能添加更多的功能，如实现当 "温度 <10℃" 时，显示 "cool"；当 "10℃ ≤ 温度 ≤ 30℃" 时，显示实时温度呢？

Lesson 13
磁场传感器

微信扫码
看本课微视频

　　micro:bit 自带了多个有趣的传感器，除了前面介绍的温度传感器和加速度传感器外，还有磁场传感器。

　　这节课，我们将利用这个磁场传感器，制作一个指南针。

13.1　简单版指南针

　　在日常生活中我们知道，表示方向一般有 8 个，它们分别是"东""南""西""北""东南""西南""东北""西北"方向。为了方便学习，下面我们先制作一个可以识别东、南、西、北四个方向的"简单版指南针"。

一、模块选择

（一）认识新模块

　　制作"简单版指南针"，我们需要用到的新模块是"指南针朝向"模块，可以从 ⊙ 输入 指令集中找到它。它的主要功能如表 13-1 所示。

表13-1　认识新模块

模块	名称	功能描述	取值范围
⊙ 指南针朝向（°）	指南针朝向	读取当前罗盘方向度数	0°～359°

（二）需要用到的旧模块

　　除了以上新模块，还需要用到前面学习过的一些模块，具体如表 13-2 所示。

表13-2　需要用到的旧模块

模块	名称	功能描述	取值范围
▦ 无限循环	无限循环	程序不断地重复运行。通常我们把需要不断地重复运行的程序放在这里面	–

续上表

模块	名称	功能描述	取值范围
将 item ▾ 设为 0	变量赋值	将变量的值设置为后面的"输入值"。其中"item"为变量名，可从下拉框中选定。"输入值"为数字类型	–2 147 483 647 ~ 2 147 483 647
如果为 true ▾ 则 否则	条件判断	如果满足判断条件，则执行第一个语句；否则，执行第二个语句	true, false, 自定条件
0 < 0	逻辑判定	左右两个数进行对比，结果为真，则返回 true；否则，返回 false	–2 147 483 647 ~ 2 147 483 647
显示箭头 北 ▾	显示箭头	在屏幕上显示箭头	北、东北、东、东南、南、西南、西、西北

（三）"指南针朝向"模块的使用

1.定义变量。我们定义一个变量，把变量名称改为 degrees（度数），并把 指南针朝向（°）的值赋值给 degrees。

2.初写程序。通过 LED 屏幕把degrees 的值显示出来的程序如图 13-1 所示。

温馨提示

添加自定义变量的方法，请参看"Lesson 6 逐行扫描"中的内容。

不断地读取 micro:bit 当前状态所处的罗盘方向度数，并实时显示在 LED 屏幕上

图13-1 "显示度数"程序

程序分享地址

https:// makecode. microbit.org/25189-38 314-19859-24743

程序编写完成并下载到 micro:bit 后，会发现 LED 屏幕并没有度数显示出来，只是滚动方式显示出一句英文句子（DRAW A CIRCLE），然后亮起了一个 LED 灯。这是因为当我们要正确显示出 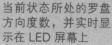 指南针朝向（°）的度数时，第一次运行程序需要对罗盘进行有效的校正。

3.罗盘校正。

（1）当英文句子显示完后，我们把 micro:bit 竖起来，micro USB 接口所在的位置朝上，LED 屏幕最下方中间就会有一个小灯被点亮（图 13-2）。

（2）把 micro:bit 保持竖向不变，按顺时针或者逆时针方向慢慢旋转，等红点画满整个圆圈后（图 13-3），会出现一个笑脸（图 13-4），代表校正完成。

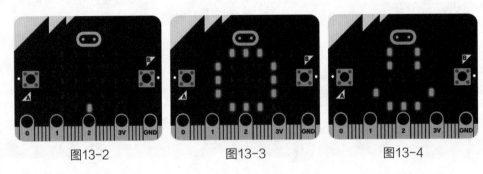

图13-2　　　　　　　图13-3　　　　　　　图13-4

（3）校正完成后，我们把 micro:bit 保持水平方向，LED 屏幕会显示出一些度数。当我们向任意水平方向旋转 micro:bit，显示的度数就会跟着改变。

温馨提示

当我们把 micro USB 接口所在的位置指向正北方向时，LED 屏幕就会显示 0°，如图 13-5 所示。

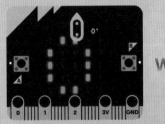

图13-5　磁场传感器方向

（四）"显示箭头"模块的使用

通过上面的小程序，我们已经知道 ▶ ⊙ 指南针朝向 (°) 模块的作用了。我们知道，当 micro:bit 指向正北方向时，对应的是 0°，顺时针方向旋转，度数会慢慢变大，具体度数可参考如图 13-6 所示的度数。我们可以利用这个特点，把"显示度数"转换成"显示箭头"。

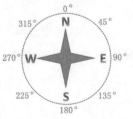

图13-6　各方向对应度数

1. "显示箭头"模块的各种效果。我们在"Lesson 10 加速度传感器"已经学习了"显示箭头"模块的效果，具体如表 13-3 所示。

表13-3 "显示箭头"模块的各种效果

模块	名称	指令效果
显示箭头 东	显示"东"箭头	
显示箭头 南	显示"南"箭头	
显示箭头 西	显示"西"箭头	
显示箭头 北	显示"北"箭头	

2. 不同度数时，micro:bit 的实际方向如表 13-4 所示。

表13-4 不同度数时，micro:bit 的实际方向

读取度数	所指方向	micro:bit 实际方向
0°	正北	
90°	正东	
180°	正南	
270°	正西	

3. 把表 13-3 和表 13-4 合起来后，不同度数对应的显示的箭头模块如表 13-5 所示。

表13-5 不同度数，对应的显示箭头模块

读取度数（degrees）	所指方向	micro:bit实际方向	箭头指向南面的效果	对应的模块
0°	正北			显示箭头 南
90°	正东			显示箭头 东
180°	正南			显示箭头 北
270°	正西			显示箭头 西

4. 确定度数范围。通过表 13-5，我们可以知道四个正方向需要使用的模块，但现实使用过程中，不可能只有正对这四个正方向才显示箭头。所以，我们可以指定一个度数的范围值，只要处于某个度数的范围内，就显示相应的箭头，具体如图 13-7 所示。

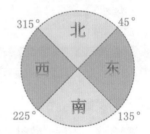

图 13-7 不同度数范围所对应的方向

5. 不同度数范围，对应的"显示箭头"模块设置如表 13-6 所示。

表13-6 不同度数范围，对应的"显示箭头"模块

读取度数（degrees）	所指方向	micro:bit实际方向	箭头指向南面的效果	对应的模块
degrees＜45°	北			显示箭头 南
45°≤degrees＜135°	东			显示箭头 东
135°≤degrees＜225°	南			显示箭头 北
225°≤degrees＜315°	西			显示箭头 西
degrees≥315°	北			显示箭头 南

（五）"条件判断"模块的使用

编写"简单版指南针"程序，我们还会用到"条件判断"模块。在前面的课里面，相信你对此模块已经有一定的了解。在这里，我们需要对"条件判断"模块进行一番设置，添加多重"条件判断"才能应用于我们的程序。要添加多重"条件判断"，只需要单击模块上面的设置按钮 ⚙ ，把设置对话框左方的 `else if` 语句拖曳到右方并组合在一起即可，具体操作如图 13-8 所示。

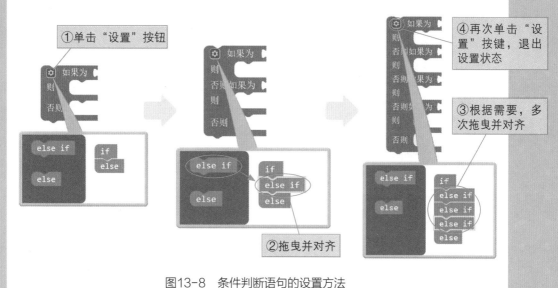

图13-8　条件判断语句的设置方法

二、程序设计思路

"简单版指南针"程序的设计思路如图 13-9 所示。

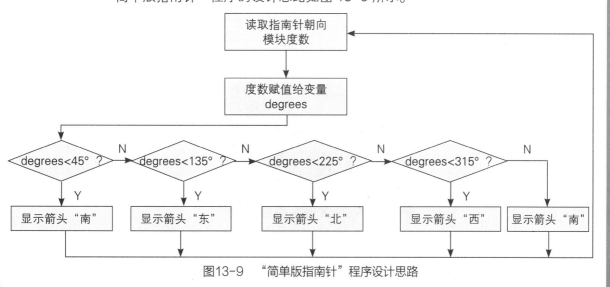

图13-9　"简单版指南针"程序设计思路

三、程序编写

根据前面的分析以及程序设计思路，"简单版指南针"完整的程序设计如图 13-10 所示。

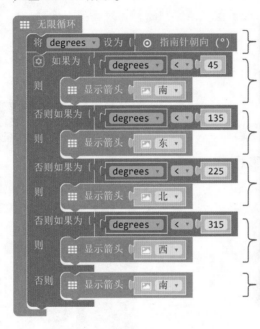

| 读取 micro:bit 当前状态所处的罗盘方向度数，并赋值给变量 degrees |

如果 degrees<45°，显示"南"箭头，否则继续运行下面模块

如果 degrees<135°，显示"东"箭头，否则继续运行下面模块

如果 degrees<225°，显示"北"箭头，否则继续运行下面模块

如果 degrees<315°，显示"西"箭头，否则继续运行下面模块

以上条件都不满足，即 degrees≥315°，显示"南"箭头

图13-10 "简单版指南针"完整程序

程序分享地址

https:// makecode.
microbit.org/28711-
37274-46227-61986

四、善用模拟演示区

当程序编写完成后，我们可以看到模拟演示区的 micro:bit 上方出现 90° 的字样，原来的"笑脸"图标也变成了箭头，如图 13-11 所示。我们只需要用鼠标左键按住箭头，然后向不同方向旋转，即可模拟磁场的变化。

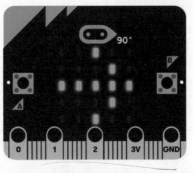

图13-11 模拟演示区 micro:bit 的不同状态

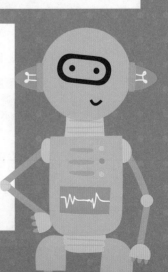

13.2 加强版指南针

"简单版指南针"制作完成后，我们继续完善程序，制作一个可以识别 8 个方向的"加强版指南针"。

一、模块选择

（一）认识"显示箭头"模块新选项

制作"加强版指南针"并不需要使用新的模块，使用"简单版指南针"用过的模块即可，在此不再——列举。

我们先了解一下"显示箭头"模块除了"东""南""西""北"四个选项外的其他选项的主要功能，具体如表 13-7 所示。

表13-7 认识"显示箭头"模块新选项

模块	名称	指令效果
显示箭头 东南	显示"东南"箭头	
显示箭头 西南	显示"西南"箭头	
显示箭头 东北	显示"东北"箭头	
显示箭头 西北	显示"西北"箭头	

（二）确定度数范围

由于"加强版指南针"需要识别 8 个方向，所以我们指定一个度数的范围值，只要处于某个度数的范围内，就显示相应的箭头，如图 13-12 所示。

图 13-12 不同度数范围所对应的方向

最后，8 个方向不同度数范围所对应的"显示箭头"设置如表 13-8 所示。

表13-8 不同度数范围，对应的"显示箭头"模块

读取度数（degrees）	所指方向	micro:bit主板实际方向	箭头指向南面的效果	对应的模块
degrees <22°	北			显示箭头 南
22° ≤degrees <67°	东北			显示箭头 东南
67° ≤degrees <112°	东			显示箭头 东
112° ≤degrees < 157°	东南			显示箭头 东北
157° ≤degrees <202°	南			显示箭头 北
202° ≤degrees <247°	西南			显示箭头 西北
247° ≤degrees<292°	西			显示箭头 西
292° ≤degrees<337°	西北			显示箭头 西南
degrees≥337°	北			显示箭头 南

二、程序设计思路

"加强版指南针"程序的设计思路如图13-13所示。

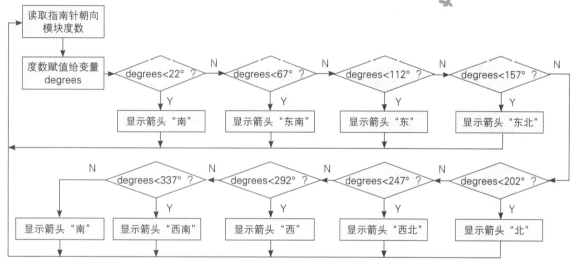

图13-13 "加强版指南针"程序设计思路

三、程序编写

根据前面的分析以及程序设计思路，"加强版指南针"完整程序设计如图 13-14 所示。

▦ 无限循环

将 degrees ▾ 设为 (◉ 指南针朝向 (°)

　　读取 micro:bit 当前状态所处的罗盘方向度数，并赋值给变量degrees

⚙ 如果为 (degrees ▾ < ▾ 22
则　▦ 显示箭头 (🖼 南 ▾

　　如果 degrees<22°，显示"南"箭头，否则继续运行下面模块

否则如果为 (degrees ▾ < ▾ 67
则　▦ 显示箭头 (🖼 东南 ▾

　　如果 degrees<67°，显示"东南"箭头，否则继续运行下面模块

否则如果为 (degrees ▾ < ▾ 112
则　▦ 显示箭头 (🖼 东 ▾

　　如果 degrees<112°，显示"东"箭头，否则继续运行下面模块

否则如果为 (degrees ▾ < ▾ 157
则　▦ 显示箭头 (🖼 东北 ▾

　　如果 degrees<157°，显示"东北"箭头，否则继续运行下面模块

否则如果为 (degrees ▾ < ▾ 202
则　▦ 显示箭头 (🖼 北 ▾

　　如果 degrees<202°，显示"北"箭头，否则继续运行下面模块

否则如果为 (degrees ▾ < ▾ 247
则　▦ 显示箭头 (🖼 西北 ▾

　　如果 degrees<247°，显示"西北"箭头，否则继续运行下面模块

否则如果为 (degrees ▾ < ▾ 292
则　▦ 显示箭头 (🖼 西 ▾

　　如果 degrees<292°，显示"西"箭头，否则继续运行下面模块

否则如果为 (degrees ▾ < ▾ 337
则　▦ 显示箭头 (🖼 西南 ▾

　　如果 degrees<337°，显示"西南"箭头，否则继续运行下面模块

否则　▦ 显示箭头 (🖼 南 ▾

　　以上条件都不满足，即 degrees≥337°，则显示"南"箭头

图13-14　"加强版指南针"完整程序

巩固和提高

　　请你再发挥想象力，看看 micro:bit 自带的磁场传感器还能做些什么。

程序分享地址

https:// makecode.
microbit.org/08613-30
089-57524-43069

无线通信

Lesson 14
无线发送数字和字符串

微信扫码
看本课微视频

上一节课，我们把 micro:bit 变成了指南针，是不是觉得很神奇？但到目前为止，我们一直都是使用一块 micro:bit 进行编程，只用一块 micro:bit 实现各种效果。

在我们的日常生活中到处都可以看到无线通信的例子，我们的生活已经离不开无线通信。其实，micro:bit 同样支持无线通信功能，利用无线通信模板，可以方便地实现两块甚至多块 micro:bit 之间的无线通信。这节课，我们就使用两块 micro:bit，在它们之间实现无线数据通信。

14.1   无线发送和接收数字

micro:bit 之间进行无线通信可以实现发送和接收数字或字符串的功能，现在我们先设计一个无线发送和接收数字的程序来了解一下它们彼此的关系。

一、模块选择

（一）认识新模块

要实现"无线发送和接收数字"功能，我们需要用到多个新的模块，可以从 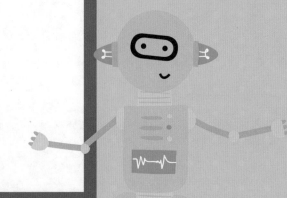 无线 指令集中找到它们。它们的主要功能如表 14-1 所示。

表14-1 认识新模块

模块	名称	功能描述	取值范围
无线设置组 [1]	无线设置组	设置无线通信的组 ID。micro:bit 任何时候都只能倾听一个组 ID	0 ~ 255
无线设置发射功率 [7]	无线设置发射功率	将发射器的输出功率电平设置为给定值	0 ~ 7
无线发送数字 [0]	无线发送数字	通过无线将数字广播到组中任何已连接 micro:bit	−2 147 483 647 ~ 2 147 483 647
在无线接收到数据时运行 receivedNumber	接收数字类型无线信号	当广播接收到数字类型的数据包时，运行指定模块	−

（二）需要用到的旧模块

除了以上新模块，还需要用到前面学习过的一些模块，具体如表14-2所示。

表14-2 需要用到的旧模块

模块	名称	功能描述	取值范围
当开机时	当开机时	程序启动时只执行一次。通常我们把程序初始化部分的功能放在这里面	−
显示数字 [0]	显示数字	在LED屏幕上显示数字。每次显示一个数字，超过一个数字则滚动显示	−2 147 483 647 ~ 2 147 483 647
当按钮 A 被按下时	按钮	当按下再松开按钮（A、B 或同时按下 A+B）时执行操作	A, B, A+B
将 item 设为 [0]	变量赋值	将变量的值设置为后面的"输入值"。其中"item"为变量名，可从下拉框中选定。"输入值"为数字类型	−2 147 483 647 ~ 2 147 483 647
以 [1] 为幅度更改 item	以指定幅度更改变量	以"输入值"为幅度更改变量的值。例如"输入值"为"1"，则表示变量 item 值加 1；如果"输入值"为"−1"，则表示变量 item 值减 1。其中的"输入值"为数字类型。"item"为变量名，可从下拉框中选定	−2 147 483 647 ~ 2 147 483 647

（三）了解"无线设置组"模块

micro:bit 之间之所以能够实现无线通信，是因为它们能互相"找"到对方，"找"对了，才能正确发送和接收信号。只有相同分组的 micro:bit 之间才能相互通信，因此我们需要使用"无线设置组"模块，把需要实现无线通信的 micro:bit 设置成相同的无线分组。

（四）了解"无线设置发射功率"模块

micro:bit 之间互相通信，除了要设置无线分组，还需要设置无线发送的功率。功率的设置范围是 0~7，数字越大，代表发射功率越大，通信的距离也越远，相应的功耗也就越高。

（五）了解"接收数字类型无线信号"模块

要实现 micro:bit 之间的无线传输，处理发送信号，还需要接收信号。接收无线数字信号需要用到 `在无线接收到数据时运行 receivedNumber` 模块。其中 `receivedNumber` 是数字类型的无线信号变量，是发送和接收数字类型的无线信号变量的默认名称。它属于变量，如需使用其他变量名称，可通过修改变量名称的方法进行更改，方法可参照"Lesson 4 倒计时"以及"Lesson 6 逐行扫描"的内容。

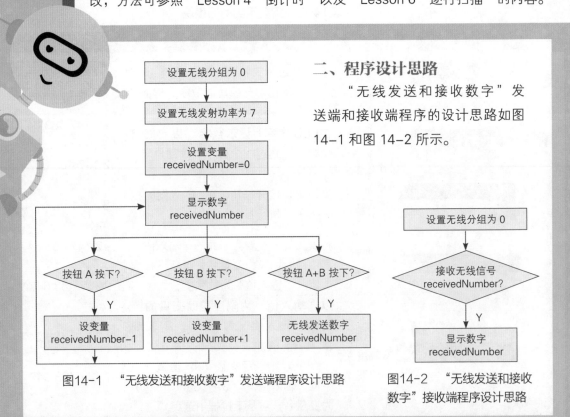

二、程序设计思路

"无线发送和接收数字"发送端和接收端程序的设计思路如图 14-1 和图 14-2 所示。

图14-1 "无线发送和接收数字"发送端程序设计思路

图14-2 "无线发送和接收数字"接收端程序设计思路

三、程序编写

（一）设置无线发送端

1.初始化无线发送端。我们需要在 micro:bit 开始运行时就对无线分组和无线发射功率进行初始化，具体如图 14-3 所示。

图14-3　设置发送端无线分组和发射功率

图 14-3 设置的无线分组是 0，发射功率是 7。如果需要修改，可以根据各模块的取值范围进行参数的修改。

2.设置发送功能。接下来我们使用默认名称为 receivedNumber 的变量，并设初始化值为"0"；当按钮 A 被按下时，变量 receivedNumber 值减 1；当按钮 B 被按下时，变量 receivedNumber 值加 1；当按钮 A 和 B 同时被按下时，则无线发送 receivedNumber 的值。

3.发送端完整程序如图14-4所示。

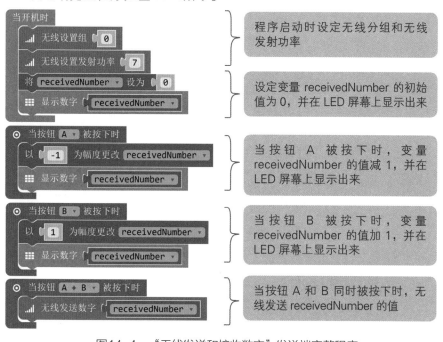

图14-4　"无线发送和接收数字"发送端完整程序

https:// makecode.
microbit.org/78558-3
3674-46122-59540

（二）设置无线接收端

1.初始化无线接收端。根据发送端的设置情况，接收端首先要设置成跟发送端同样的无线分组"0"。需要说明的是，如果接收端只用于接收信号而不用于发送信号，发送功率就无须设置。

2.接收端完整程序如图 14-5 所示。

当开机时
无线设置组 0 ⟩ 程序启动时设定与无线发送端相同的分组

在无线接收到数据时运行 receivedNumber
显示数字 receivedNumber ⟩ 接收无线信号并在LED屏幕上显示出来

图14-5 "无线发送和接收数字"接收端完整程序

（三）"无线发送和接收数字"程序测试

无线发送端和接收端程序设计完毕后，我们就可以把程序分别写入两块不同的 micro:bit 中进行测试。

温馨提示

如果手上没有两块 micro:bit ，那有没有办法进行测试呢？

只要我们把无线发送端和接收端程序同时在一个项目中进行设计，即可在模拟演示区中进行模拟测试。也就是说，无线发送端和接收端两个程序放在一起，变成一个公用程序，它即是无线发送端也是无线接收端，具体如图 14-6 所示。

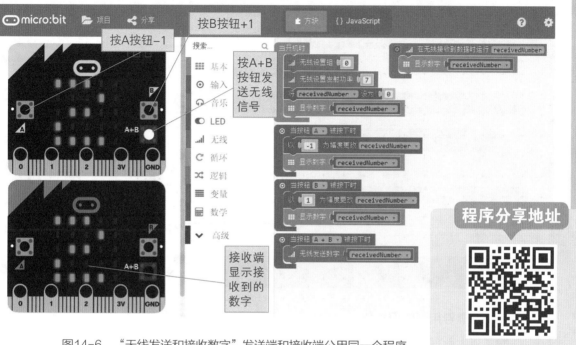

图14-6 "无线发送和接收数字"发送端和接收端公用同一个程序

14.2 无线发送和接收字符串

　　我们已经实现了"无线发送和接收数字"，现在我们继续学习如何实现"无线发送和接收字符串"。

一、模块选择

（一）认识新模块

　　要实现"无线发送和接收字符串"功能，我们需要用到的新模块是"无线发送字符串"模块和"接收字符串类型无线信号"模块，可以从 ꓤꓤ 无线 指令集中找到它们。它们的主要功能如表 14-3 所示。

表14-3　认识新模块

模块	名称	功能描述	取值范围
无线发送字符串 " "	无线发送字符串	通过无线将字符串广播到组中任何已连接 micro:bit	数字，字母，英文标点
在无线接收到数据时运行 receivedString	接收字符串类型无线信号	当广播接收到字符串类型的数据包时，运行指定模块	–

（二）需要用到的旧模块

除了以上新模块，还需要用到前面学习过的一些模块，具体如表 14-4 所示。

表14-4　需要用到的旧模块

模块	名称	功能描述	取值范围
当开机时	当开机时	程序启动时只执行一次。通常我们把程序初始化部分的功能放在这里面	–
显示字符串 " Hello! "	显示字符串	在 LED 屏幕上显示文本。每次显示一个字符，超过一个字符则滚动显示	数字，字母，英文标点
当按钮 A 被按下时	按钮	当按下再松开按钮（A、B 或同时按下 A+B）时执行操作	A，B，A+B
无线设置组 1	无线设置组	设置无线通信的组 ID。micro:bit 任何时候都只能倾听一个组 ID	0～255
无线设置发射功率 7	无线设置发射功率	将发射器的输出功率电平设置为给定值	0～7

（三）了解"接收字符串类型无线信号"模块

micro:bit 之间的无线传输字符串，需要用到 在无线接收到数据时运行 receivedString 模块。其中，receivedString 是字符串类型的无线信号变量，是发送和接收字符串类型的无线信号变量的默认名称。它同样是变量，如需使用其他变量名称，可通过修改变量名称的方法进行更改。

二、程序设计思路

要设计出"无线发送和接收字符串"程序，我们可以沿用"无线发送和接收数字"的设计思路。但我们这一次要把程序作适当的修改以实现如下功能：当按钮 A 被按下时，发送端显示字符串"A"，并实时发送字符串"A"；当按钮 B 被按下时，发送端显示字符串"B"，并实时发送字符串"B"；当接收端接收到无线信号后，要显示出字符串变量 receivedString 的值。

经过这样修改后，按下按钮 A 或 B，发送端随即显示相应字符串，并实时通过无线功能发送字符串，不再设置单独的无线发送键！

"无线发送和接收字符串"程序的设计思路如图 14-7 所示。

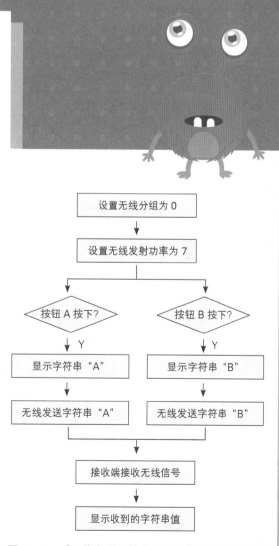

图14-7 "无线发送和接收字符串"程序设计思路

程序分享地址

https:// makecode.mi
crobit.org/89261-88
143-41511-70710

三、程序编写

根据前面的分析以及程序设计思路，如
将无线发送和接收字符串公用同一程序，那
么完整程序就如图 14-8 所示。

程序启动时设定无线分组和无
线发射功率

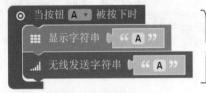

当按钮 A 被按下时，在 LED
屏幕上显示字符串 "A"，无
线发送字符串 "A"

当按钮 B 被按下时，在 LED
屏幕上显示字符串 "B"，无
线发送字符串 "B"

接收无线信号，并把
接收到的字符串值显
示在 LED 屏幕上

图14-8 "无线发送和接收字符串"完整程序

巩固和提高

尝试修改上述程序中字
符串里的值，并发送到多个
micro:bit 中。

Lesson 15
无线发送和接收图案

微信扫码
看本课微视频

通过前面的学习我们知道，micro:bit 之间可以发送和接收数字和字符串，那它可以发送图案吗？答案是肯定的。本节课我们就学习利用两块 micro:bit 实现无线传输图案。

爱心传递

下面我们一起来编写"爱心传递"程序，实现当我们晃动 micro:bit 时，把"爱心"图案从一块 micro:bit 上"传递"到另一块 micro:bit 上。

一、模块选择

要实现"爱心传递"图案的传递功能，并不需要使用新的模块，我们只需要使用前面学习过的一些模块即可，具体如表15-1所示。

表15-1　需要用到的旧模块

模块	名 称	功能描述	取值范围
当开机时	当开机时	程序启动时只执行一次。通常我们把程序初始化部分的功能放在这里面	－
显示图标	显示图标	在 LED 屏幕上绘制选定的内置图标	内置的 40 种图标
无线设置组 1	无线设置组	设置无线通信的组 ID。micro:bit 任何时候都只能倾听一个组 ID	0～255

续上表

模块	名 称	功能描述	取值范围
无线设置发射功率 7	无线设置发射功率	将发射器的输出功率电平设置为给定值	0~7
无线发送数字 0	无线发送数字	通过无线将数字广播到组中任何已连接的micro:bit	−2 147 483 647 ~ 2 147 483 647
在无线接收到数据时运行 receivedNumber	接收数字类型无线信号	当广播接收到数字类型的数据包时，运行指定模块	—
当 振动	动作检测	完成一个特定动作时执行操作	详见附录
如果为 true 则	条件判断	如果满足判断条件，则执行里面语句	true, false, 自定条件
0 = 0	逻辑判定	左右两个数进行对比，结果为真，则返回true，否则返回 false	−2 147 483 647 ~ 2 147 483 647

二、程序设计思路

"爱心传递"发送端和接收端程序的
设计思路如图 15-1 和图15-2 所示。

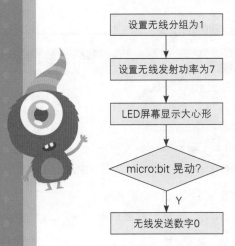

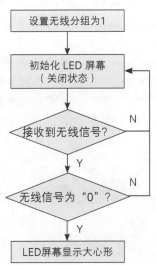

图15-1 "爱心传递"发送端程序设计思路

图15-2 "爱心传递"接收端程序设计思路

三、程序编写

（一）编写无线发送端程序

1.初始化无线发送端。我们需要在 micro:bit 开始运行时就对无线分组和无线发射功率进行初始化。同时，初始化需要发送的"爱心"图案，具体如图 15-3 所示。

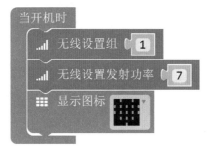

图15-3　初始化无线发送端

图 15-3 中设置的无线分组是 1，发射功率是 7 。如果有需要，可以根据各模块的取值范围进行参数的修改。

2.设置发送功能。为了实现当我们晃动 micro:bit 时，把"爱心"图案从一块 micro:bit 上"传递"到另一块 micro:bit 上，这需要使用"动作检测"模块。发送端发送信号模块组程序具体如图 15-4 所示。

图15-4　发送端发送信号模块组程序

为什么上面的程序中，发送的是数字"0"，而不是直接发送"爱心"图案呢？这是因为，无线发送功能无法直接发送各种图案。为了实现发送图案的功能，我们只能使用一些小技巧，就是让无线发送端发送指定的数字或者字符串，当接收端接收到指定的数字或者字符串后，显示出特定的图案。

3."爱心传递"发送端完整程序如图15-5所示。

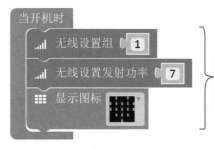

程序启动时设定无线分组和无线发射功率，并在 LED 屏幕上显示大心形

晃动 micro:bit 时，无线发送数字 0

图15-5　"爱心传递"发送端完整程序

程序分享地址

https:// makecode.microbit.org/24642-40802-05127-22410

程序分享地址

https:// makecode.
microbit.org/74309-02
468-97857-88140

（二）编写无线接收端程序

1.初始化无线接收端。根据发送端的设置情况，接收端首先要设置成跟发送端同样的无线分组"1"。需要说明的是，如果接收端只用于接收信号而不用于发送信号，发送功率就无须设置。

2."爱心传递"接收端完整程序如图 15-6 所示。

程序启动时设定与无线发送端相同的分组

接收无线信号并检测信号是否为数字 0。如果为 0，则在 LED 屏幕上显示大心形

图15-6　"爱心传递"接收端完整程序

（三）下载到 micro:bit 运行

把编写的发送端程序下载到第一块 micro:bit 上，把编写好的接收端程序下载到另一块 micro:bit 上。当我们晃动第一块 micro:bit 时，另一块 micro:bit 就会显示出"爱心"图案。"爱心传递"的功能就实现了。

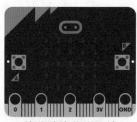

接收端接收信号前

发送端发生晃动动作

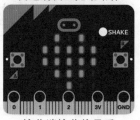

接收端接收信号后

图15-7　程序下载到 micro:bit 后的效果

巩固和提高

上面的程序，可以增加接收信号开发板的数量，下载到开发板的程序是一样的。尝试将上面的程序中的大心形换成其他图案，甚至可以是数字、字符和图案之间的组合，做出更有创意的作品。

综合性实践

Lesson 16
端乒乓球平衡游戏

微信扫码
看本课微视频

我们学习 Lesson 10 时已经知道加速度传感器可以判断手势、运动方向和倾斜角度等状态。下面我们将利用加速度传感器可以计算倾斜角度的功能，制作一个有趣的小游戏——端乒乓球平衡游戏。这个游戏可以锻炼我们的平衡能力，是用 LED 灯模拟乒乓球，micro:bit 模拟球拍，要求达到如下效果：

　　micro:bit 处于水平位置时，亮起的 LED 灯位于坐标（2，2）的位置；倾斜不同角度时，亮起的 LED 灯根据角度的变化随时改变位置，但不能偏移中心坐标（2，2）位置 2 格，偏移达到 2 格即游戏失败。如图 16-1 所示是 25 个 LED 灯的坐标，黄色部分是允许亮灯的位置（偏移中心没达到 2 格），到了红色部分代表失败（偏移中心达到 2 格）。

(0,0)	(1,0)	(2,0)	(3,0)	(4,0)
(0,1)	(1,1)	(2,1)	(3,1)	(4,1)
(0,2)	(1,2)	(2,2)	(3,2)	(4,2)
(0,3)	(1,3)	(2,3)	(3,3)	(4,3)
(0,4)	(1,4)	(2,4)	(3,4)	(4,4)

图16-1　25个LED灯的坐标

一、模块选择

（一）认识新模块

　　制作"端乒乓球平衡游戏"，我们需要用到多个新模块，分别可以从 ⊙ 输入 指令集下的 ⋯ 更多 、⤬ 逻辑 指令集和 ◐ LED 指令集下的 ⋯ 更多 中找到它们。它们的主要功能如表16-1所示。

表16-1　认识新模块

模块	名称	功能描述	取值范围
⊙ 旋转（°）横滚 ▾	旋转	测量 X 轴的倾斜度	−179°～180°
⊙ 旋转（°）旋转 ▾	旋转	测量 Y 轴的倾斜度	−179°～180°
与	逻辑与	如果左右两个输入均为真，则返回 true；否则返回 false	–
绘图 x 0 y 0 亮度 255	指定亮度绘图	指定亮度使用 X、Y 坐标打开指定的 LED（X为横轴，Y为纵轴）。（0,0）表示左上方，255 表示亮度	0～4， 0～255

（二）需要用到的旧模块

除了以上新模块，还需要用到前面学习过的一些模块，具体如表 16-2 所示。

表16-2　需要用到的旧模块

模块	名称	功能描述	取值范围
无限循环	无限循环	程序不断地重复运行。通常我们把需要不断地重复运行的程序放在这里面	–
暂停（ms）100	暂停	暂停以毫秒为单位的指定时间，1000 毫秒等于 1 秒	0～2 147 483 647
显示图标	显示图标	在 LED 屏幕上绘制选定的内置图标	内置的40种图标
显示数字 0	显示数字	在 LED 屏幕上显示数字。每次显示一个数字，超过一个数字则滚动显示	−2 147 483 647 ～ 2 147 48 3647
清空屏幕	清空屏幕	关闭所有的 LED	–
将 item ▾ 设为 0	变量赋值	将变量的值设置为后面的"输入值"。其中"item"为变量名，可从下拉框中选定。"输入值"为数字类型	−2 147 483 647 ～ 2 147 483 647
0 + ▾ 0	加法运算	返回两个数字的和	−2 147 483 647 ～ 2 147 483 647

续上表

模块	名称	功能描述	取值范围
0 ÷ 0	除法运算	返回两个数字的商	−2 147 483 647 ~ 2 147 483 647
如果为 true 则 否则	条件判断	如果满足判断条件，则执行第一个语句；否则，执行第二个语句	true, false, 自定条件
0 ≤ 0	逻辑判定	左右两个数进行对比，结果为真，则返回 true；否则，返回 false	−2 147 483 647 ~ 2 147 483 647
0 ≥ 0	逻辑判定	左右两个数进行对比，结果为真，则返回 true；否则，返回 false	−2 147 483 647 ~ 2 147 483 647
绘图 x 0 y 0	绘图	使用 X、Y 坐标打开指定的 LED（X 为横轴，Y 为纵轴）。（0，0）表示左上方	0~4

（三）了解"旋转"模块

把如图 16-2 和图 16-3 的两个简单程序分别写入 micro:bit 中，即可读取到 X 轴或者 Y 轴的倾斜度，并显示在 micro:bit 上。通过这两个程序，我们对"旋转"模块会有更深入的了解。

图16-2 读取 X 轴倾斜度

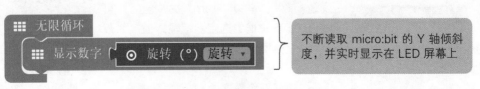

图16-3 读取 Y 轴倾斜度

表 16-3 所示列举了 micro:bit 向不同方向旋转时，X 轴和 Y 轴相对应的倾斜度。

表16-3　不同旋转角度 X 轴和 Y 轴对应的倾斜度

X = −60°	X = −30°	X = 0°	X = 30°	X = 60°
Y = −60°	Y = −30°	Y = 0°	Y = 30°	Y = 60°

温馨提示

（1）以上两个程序，每次只能测试 1 个。

（2）如果把 micro:bit 垂直摆放，得到的度数是 90° 或 -90°，继续倾斜，会读取到比 90° 更大或者比 -90° 更小的度数。

二、程序设计思路

"端乒乓球平衡游戏"程序的设计思路如图 16-4 所示。

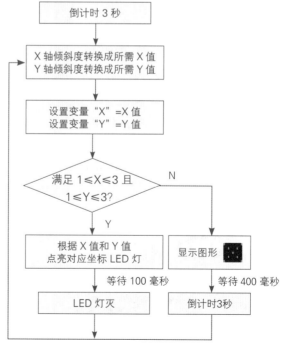

图16-4　"端乒乓球平衡游戏"程序设计思路

三、程序编写

测量倾斜度的方法我们已经知道了，但在编写程序之前，我们还需要解决如何确定倾斜度值和倾斜度与 X、Y 值之间的关系等问题。

（一）倾斜度值的确定

如图 16-5 所示，我们可以非常直观地看到，不同角度的倾斜情况。

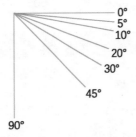

图16-5　不同角度的倾斜情况

既然是考验我们的平衡力，允许倾斜的角度太大就会失去游戏意义，因此我们以 10° 作为判断输赢的值来进行程序设计。当然，如果需要增加或者降低难度，程序编写完成后，修改一下度数即可。

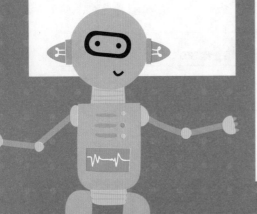

（二）倾斜度与 X、Y 值之间的关系

我们观察一下如图 16-6 所示的 LED 灯坐标图，黄色部分是允许亮灯的位置，到了红色部分就代表失败。如果以 10° 作为判断输赢的值，可以得出 X 轴和 Y 轴的倾斜度图如图 16-7 所示。

(0,0)	(1,0)	(2,0)	(3,0)	(4,0)
(0,1)	(1,1)	(2,1)	(3,1)	(4,1)
(0,2)	(1,2)	(2,2)	(3,2)	(4,2)
(0,3)	(1,3)	(2,3)	(3,3)	(4,3)
(0,4)	(1,4)	(2,4)	(3,4)	(4,4)

图16-6　25个 LED 灯的坐标

-10°,-10°	-5°,-10°	0°,-10°	5°,-10°	10°,-10°
-10°,-5°	-5°,-5°	0°,-5°	5°,-5°	10°,-5°
-10°,0°	-5°,0°	0°,0°	5°,0°	10°,0°
-10°,5°	-5°,5°	0°,5°	5°,5°	10°,5°
-10°,10°	-5°,10°	0°,10°	5°,10°	10°,10°

图16-7　X 轴和 Y 轴的倾斜度图

根据以上分析可知，当X和Y的坐标满足 $1 \leq X \leq 3$ 且 $1 \leq Y \leq 3$ 这一条件时，黄色部分的LED才会点亮；不满足条件，则游戏失败。

当我们知道了 X、Y 和倾斜度的取值，接下来就要把倾斜度转换成需要的 X 和 Y 值。通过对比图 16-6 和图 16-7，我们可知 X 值和 Y 值与倾斜度的关系为：X 值（Y 值）＝倾斜度÷5+2。其对应关系如表 16-4 所示。

表16-4　倾斜度与 X 值或 Y 值的转换表

X轴或Y轴倾斜度	转换公式	得到的X值或Y值
－10°	－10÷5+2	0
－5°	－5÷5+2	1
0°	0÷5+2	2
5°	5÷5+2	3
10°	10÷5+2	4

（三）程序设计分析

1.倾斜度变成需要的 X 值和 Y 值。通过前面几节课的学习我们知道，点亮 LED 灯可以使用 ⬤ 绘图 x 0 y 0 模块，其中 X 和 Y 代表 LED 灯的坐标。而本游戏不是固定点亮某个 LED 灯，点亮的 LED 灯是随 X 轴和 Y 轴的倾斜度变化而变化，因此 X 值和 Y 值需要用变量表示。判断"1≤X≤3 且 1≤Y≤3"这一条件的程序编写过程如图 16-8 所示。把倾斜度转换成需要的 X 值和 Y 值，以及判断是否满足 1≤X≤3 且 1≤Y≤3 这一条件，从而点亮需要的 LED 灯的程序如图 16-9 所示。

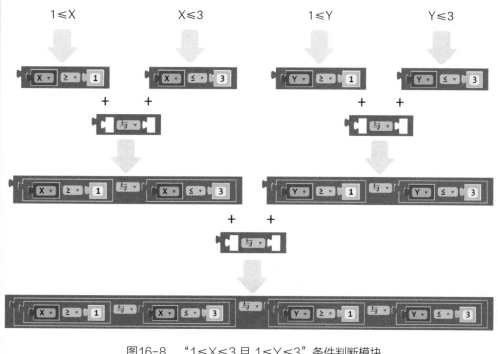

图16-8　"1≤X≤3 且 1≤Y≤3"条件判断模块

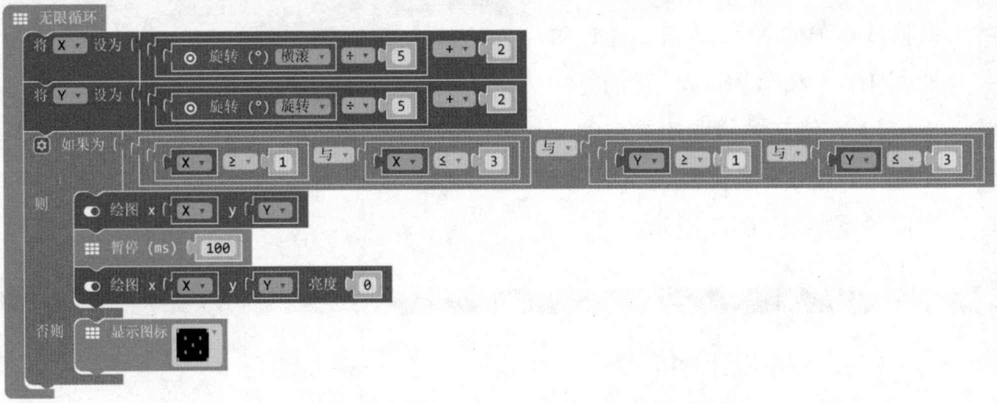

```
无限循环
  将 X ▼ 设为    ⊙ 旋转 (°) 横滚 ▼  ÷  5  +  2
  将 Y ▼ 设为    ⊙ 旋转 (°) 旋转 ▼  ÷  5  +  2
  ⚙ 如果为   X ▼  ≥  1   与   X ▼  ≤  3     与    Y ▼  ≥  1   与   Y ▼  ≤  3
  则      绘图 x  X ▼   y  Y ▼
          暂停 (ms)  100
          绘图 x  X ▼   y  Y ▼  亮度  0
  否则    显示图标
```

图16-9　设定点亮 LED 灯的程序

2.增加倒计时模块组。为了带来更好的体验，我们在游戏刚开始以及游戏失败重新开始时，增加倒数 3 秒的功能，增加的倒计时模块组如图 16-10 所示。

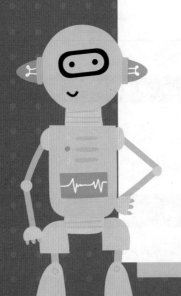

```
显示数字  3
暂停 (ms)  400
显示数字  2
暂停 (ms)  400
显示数字  1
清空屏幕
```

图16-10　倒计时模块组

"端乒乓球平衡游戏"完整程序如图16-11所示。

当开机时

■■■ 显示数字 [3]

■■■ 暂停 (ms) [400]

■■■ 显示数字 [2]

■■■ 暂停 (ms) [400]

■■■ 显示数字 [1]

■■■ 清空屏幕

程序启动时，倒数 3、2、1 后清空屏幕，游戏正式开始

■■■ 无限循环

将 X 设为 [◉ 旋转 (°) 横滚 ▾] ÷ [5] ＋ [2]

将 Y 设为 [◉ 旋转 (°) 旋转 ▾] ÷ [5] ＋ [2]

将 X 轴和 Y 轴的倾斜度转换成需要的 X 和 Y 坐标

◎ 如果为 [X ▾ ≥ 1] 与 ▾ [X ▾ ≤ 3] 与 ▾ [Y ▾ ≥ 1] 与 ▾ [Y ▾ ≤ 3]

则 ● 绘图 x [X ▾] y [Y ▾]

■■■ 暂停 (ms) [100]

● 绘图 x [X ▾] y [Y ▾] 亮度 [0]

如果满足"1≤X≤3 且 1≤Y≤3"这一条件，则根据得到的 X 和 Y 坐标点亮对应的LED灯，等待 100 毫秒后，关闭点亮的 LED 灯，然后重复执行上面的程序，满足条件则再次点亮 LED 灯，不满足则执行下面的程序

否则 ■■■ 显示图标 [☒]

■■■ 暂停 (ms) [400]

■■■ 显示数字 [3]

■■■ 暂停 (ms) [400]

■■■ 显示数字 [2]

■■■ 暂停 (ms) [400]

■■■ 显示数字 [1]

■■■ 清空屏幕

不满足"1≤X≤3且1≤Y≤3"这一条件时，LED屏幕显示"×"图标。倒数3、2、1后清空屏幕，游戏重新开始

图16-11 "端乒乓球平衡游戏"完整程序

程序分享地址

https:// makecode.
microbit.org/47674-94
801-07863-79695

Lesson 17
掷骰子比赛

微信扫码
看本课微视频

　　本课我们一起来编写"掷骰子比赛"程序。比赛规则如下：首先，要准备好两块以上的 micro:bit ，两个人比赛可以每人用一块，也可以每人用两块。没比赛之前 micro:bit 屏幕上显示图案"开"字，晃动 micro:bit 后屏幕上会显示出骰子的点数，谁的点数大就谁赢。如果每人用两块板来比赛，就把这两块的点数加起来比较，一旦出现点数相同，可重新再来。

一、模块选择
（一）认识新模块
　　制作"掷骰子比赛"游戏，我们需要用到的新模块是"随机取数"模块，可以从 ▦ 数学 指令集中找到它。它的主要功能如表 17-1 所示。

表17-1　认识新模块

模块	名称	功能描述	取值范围
选取 0 至 4	随机取数	返回从 0 到"输入值"之间的随机数	-2 147 483 647 ~ 2 147 483 647

（二）需要用到的旧模块
　　除了以上新模块，还需要用到前面学习过的一些模块，具体如表 17-2 所示。

表17-2　需要用到的旧模块

模块	名称	功能描述	取值范围
当开机时	当开机时	程序启动时只执行一次。通常我们把程序初始化部分的功能放在这里面	-
显示 LED	显示 LED	在 LED 屏幕上绘制图像	直接在 25 个点阵上绘制图像

续上表

模块	名称	功能描述	取值范围
当 振动	动作检测	完成一个特定动作时执行操作	详见附录
将 item 设为 0	变量赋值	将变量的值设置为后面的"输入值"。其中"item"为变量名，可从下拉框中选定。"输入值"为数字类型	–2 147 483 647 ~ 2 147 483 647
如果为 true 则	条件判断	如果满足判断条件，则执行里面的语句	true，false，自定条件
0 = 0	逻辑判定	左右两个数进行对比，结果为真，则返回 true；否则，返回 false	–2 147 483 647 ~ 2 147 483 647

二、程序设计思路

"掷骰子比赛"程序的设计思路如图17-1所示。

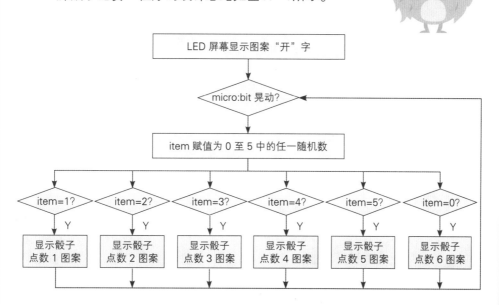

图17-1 "掷骰子比赛"程序设计思路

三、程序编写

（一）初始化 micro:bit

根据比赛规则，没比赛之前 micro:bit 上显示图案"开"字。因此，程序初始化部分如图 17-2 所示。

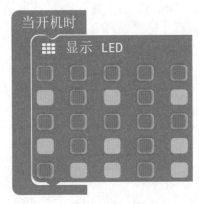

图17-2　初始化 micro:bit

程序分享地址

https:// makecode.
microbit.org/47716-58
645-91455-28587

（二）生成随机数

为了实现晃动 micro:bit 后，屏幕上随机显示出骰子的点数，我们需要使用"随机取数"模块。通过以下小程序，有利于我们理解"随机取数"模块的作用。当我们晃动 micro:bit 后，LED 屏幕上就会随机显示 0 至 5 的随机数，如图 17-3 所示。

当晃动 micro:bit 时，变量 item 的值随机选取 0 至 5 中的一个值，并在屏幕上显示 item 的值

图17-3　"随机显示数字"程序

（三）随机数转换成骰子点数

随机数产生后，我们只需要把这个随机数转换成我们需要的骰子的点数即可，如图 17-4 所示。

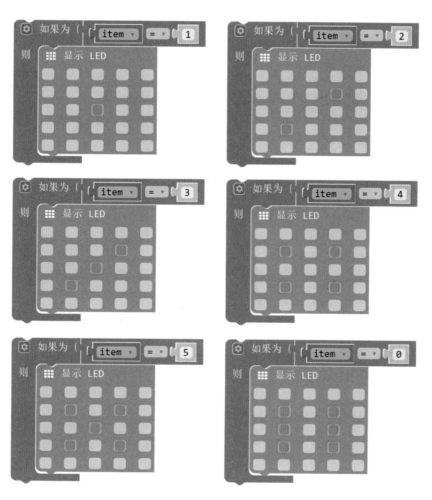

图17-4　随机数转换成骰子点数

细心观察，我们会发现随机数为 0 时，骰子的点数变成 6。这样设置的原因是，随机数是从 0 开始产生的，而骰子的点数是从 1 开始的。因此，我们做了以下设定：当产生的随机数是 1 至 5 之间，我们直接设置成相对应的骰子的点数；如果产生的随机数是 0 时，我们设置骰子的点数为 6。通过这样的设置，随机数 0 至 5 全部都可以使用完毕。

"掷骰子比赛"完整程序如图 17-5 所示。

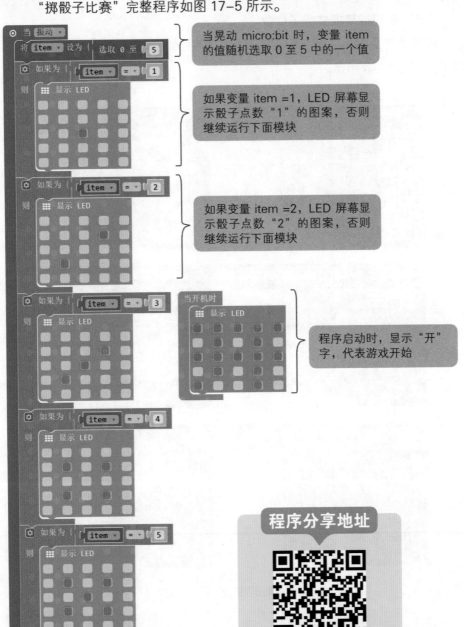

当晃动 micro:bit 时,变量 item 的值随机选取 0 至 5 中的一个值

如果变量 item =1,LED 屏幕显示骰子点数 "1" 的图案,否则继续运行下面模块

如果变量 item =2,LED 屏幕显示骰子点数 "2" 的图案,否则继续运行下面模块

程序启动时,显示"开"字,代表游戏开始

程序分享地址

https:// makecode.
microbit.org/99191-01
050-68679-19167

图17-5 "掷骰子比赛"完整程序

程序编写完成后就可以下载到 micro:bit 上。现在就让我们一起去进行有趣的掷骰子比赛吧！

巩固和提高

1.自己操作，看看能不能做到当变量为 6 时，对应的 LED 灯点亮 6 个？

2.上面的程序中，只用到了 这个模块，能不能用其他不同的模块来实现呢？

3.如下页图 17-6 所示是"条件判断"模块的两种不同用法。其中左图是我们刚刚使用的方法，如果按照右图来设计程序，能否实现相同的效果呢？

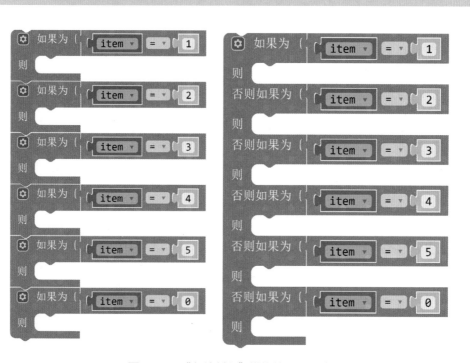

图17-6 "条件判断"模块的不同用法

micro. bit

基础入门与趣味编程

拓展学习

Lesson 18
移动设备连接
micro:bit 编程

微信扫码
看本课微视频

不知不觉中我们的学习已进入了最后一节课。在这节课，我们将学习在不使用电脑的情况下，如何通过手机、平板等移动设备（后面统称为"移动设备"）编写程序，并把程序发送到 micro:bit 中。

一、 micro:bit 与电池盒连接

找到我们购买 micro:bit 时配备的电池盒并把电池装上，注意电池盒的电源线接口与 micro:bit 的外部电源接口相连（如图 18-1），这样 micro:bit 就可以使用电池供电了。

图18-1 数据线的连接

温馨提示

（1）如果你购买的电池盒带有开关，务必把开关打开方可正常供电。（2）如果你没有购买 micro:bit 电池盒，也可以把 micro:bit 与电脑相连，把电脑当作供电设备即可。（3）如果你打算用充电宝连接数据线给 micro:bit 供电，你会发现无法成功。因为 micro:bit 在没有外接设备的情况下，所需的电流非常小，充电宝检测不到持续的电流输出，就会自动断电，因此无法使用充电宝给 micro:bit 供电。

二、移动设备端安装应用程序

想要通过移动设备连接 micro:bit 进行编程，移动设备必须安装相应的应用程序。移动设备端 micro:bit 应用程序可以通过蓝牙无线技术发送程序至 micro:bit 而无须接线，但前提是要确保 micro:bit 通电并且靠近移动设备。

移动设备端的 micro:bit 应用程序从操作系统上分为两种类型，分别是 Android 系统（安卓系统）和 iOS 系统（苹果系统）。

运行 Android 系统的移动设备，下载安装 micro:bit 应用程序需要链接到 Google Play（由 Google 为 Android 设备开发的在线应用程序商店）才能下载。本节课主要以 iOS 系统为例进行说明，Android 系统的 micro:bit 应用程序使用方法与 iOS 系统的大同小异。它们的下载链接为：

GET IT ON Google Play https://play.google.com/store/apps/details?id=com. samsung.microbit

Download on the App Store https://itunes.apple.com/gb/app/micro-bit/ id1092687276?mt=8

iOS系统安装完移动设备端 micro:bit 应用程序后，出现的图标如图 18-2 所示。

micro:bit

图18-2　micro:bit 应用程序图标

温馨提示

除了通过下载链接进行下载，也可以直接使用移动设备进入在线应用程序商店，以" micro:bit "为关键字进行搜索，同样可以找到需要的 micro:bit 应用程序进行安装。

三、移动设备与 micro:bit 配对

安装好移动设备端的 micro:bit 应用程序后，下一步是初次利用移动设备连接 micro:bit ，这称为配对。这时应用程序会搜索 micro:bit 发出的一个信号，搜索到信号后立刻发送一个只有它们之间能够看到的密码，一旦连接上就说明移动设备和 micro:bit 已经配对成功并且可以发送信息。配对的方法和步骤如下：

（一）打开移动设备蓝牙开关

移动设备要与 micro:bit 进行配对，必须要打开移动设备的蓝牙开关，使移动设备的蓝牙功能处于启用状态。否则，配对时会出现如图 18-3 所示的提示：

移动设备打开蓝牙的位置，一般在"设置"选项中可以找到。

（二）运行应用程序，进入配对界面

运行移动设备端的 micro:bit 应用程序后，你会发现程序首页有很多选项，它们的功能如表 18-1 所示。

图 18-3　开启"蓝牙"功能提示

表18-1　micro:bit 应用程序首页功能

选项	名称	功能描述
Choose micro:bit	连接	将移动设备与 micro:bit 进行配对
Create Code	创建代码	引导去网站选择编辑器，编写程序或者返回某些已经编写过的程序
Flash	闪存	从移动设备发送程序文件到 micro:bit
Monitor and Control	监视和控制	显示所编写程序的预览效果
Ideas	灵感	引导进入网站，从其他人那里获得创意和示例

1. 选择应用程序首页的 Choose micro:bit 选项。

2. 选择  或者 Pair a new micro:bit 选项（初次进行配对，两者功能一样）。

经过以上两步，我们已经进入了应用程序的配对界面，如图 18-4 所示。

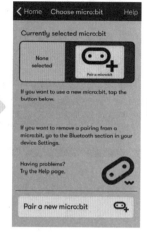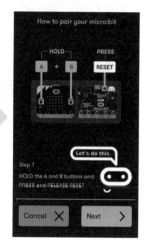

图18-4　应用程序的配对界面

（三）micro:bit 进入配对模式

1. 根据配对界面提示，首先同时按下 micro:bit 的按钮 A 和按钮 B（要保持按钮 A 和 B 按下的状态），再按一下 micro:bit 背后的 RESET 按钮，最后放开 RESET 按钮即可（这时仍要保持按钮 A 和 B 按下的状态）。

2. 几秒钟后，micro:bit 会滚动显示英文句子（PAIRING MODE）。当英文句子开始出现后，即可放开按钮 A 和 B。这时，我们点击 Next 选项进入下一个页面。

3. 英文句子显示完毕后，micro:bit 的 LED 屏幕会出现特定的配对图案，示例如图 18-5 所示。

4. 根据 LED 屏幕图案，我们在移动设备应用程序的 "Enter pattern（输入模式）" 界面点选出一样的图案。接着选择 Next 选项，进入下一个页面，如图 18-6 所示。

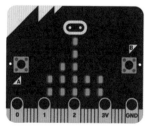

图18-5　micro:bit LED 屏幕图案（示例）

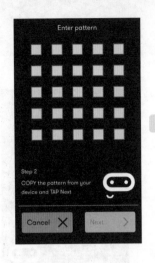 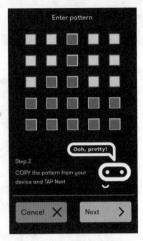 

图18-6 图案的配对

5. 按提示按一下 micro:bit 的按钮 A 并放开, 再选择应用程序的 Next > 选项, 正式进入配对过程 (务必选择 "蓝牙配对请求" 的 "配对" 选项)。一切正常的话, 即可配对成功, 最后选择 OK > 选项, 自动回到配对选择页面, 如图 18-7 所示。

图18-7 配对成功

前面说到的 选项和 Pair a new micro:bit 选项, 移动设备初次进行配对时, 两者的功能是一样的。如果曾经进行过配对, 第一个选项功能会有所不同, 由原来的 选项变成 vitov 选项, 代表这台移动设备已经跟某一块 micro:bit 进行了配对。

（四）解除配对关系的方法

解除配对关系的方法也很简单，一共有两种。

1. 直接点击右方的  选项，我们可以把配对好的 micro:bit 与移动设备的配对关系解除。

2. 重新配对另一块 micro:bit。

温馨提示

假如你的 micro:bit 多次尝试也无法进入配对模式，可以尝试以下操作：（1）按一下 micro:bit 后面的 RESET 按钮再试。（2）把 micro:bit 接上电脑，写入任意一个编写好的程序后再尝试一次，问题一般可以解决。

四、通过移动设备编写程序

移动设备与 micro:bit 配对成功后，接下来我们就可以通过移动设备编写程序并发送到 micro:bit 中。

（一）点击配对开始

点击配对开始页面的"Home"选项，回到应用程序首页。

（二）进入编程页面

选择应用程序首页上的 Create Code 选项，移动设备自动运行默认的浏览器，打开编程页面，如图 18-8 所示。

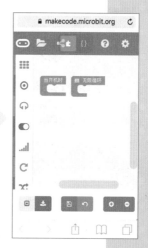

图18-8 进入编程页面

（三）在移动设备端编写程序

在移动设备上编写程序的过程与电脑端大同小异。程序编写完成后（如显示"心形"），点击编程页面左下角的下载按钮 ，浏览器会弹出提示，询问"在'mocro:bit'中打开链接吗？"。我们选择"打开"选项后，会重新回到移动设备端的 micro:bit 应用程序。可以发现，刚刚编写完的程序，已经成功导入应用程序中，如图18-9所示。

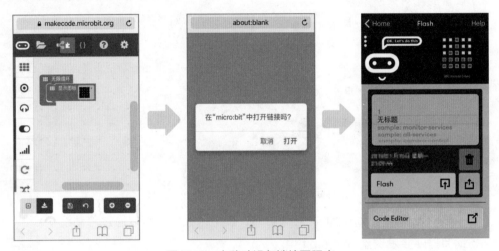

图18-9　在移动设备端编写程序

（四）程序发送到 micro:bit

程序导入应用程序后，我们看到应用程序页面有很多选项，它们的功能如表18-2 所示。

表18-2　micro:bit 应用程序页面功能

选项	名称	功能描述
🗑	回收站	把已经成功导入的程序文件删除
Flash　□↑	闪存	从移动设备发送程序文件到 micro:bit
◻↑	分享	分享编写好的程序文件
Code Editor　☑	修改代码	修改编写好的程序文件

温馨提示

把程序文件发送到 micro:bit 之前，我们必须让 micro:bit 重新进入配对模式，否则无法正常发送。

micro:bit 进入配对模式后，只需要选择 Flash ⬆ 选项，应用程序就会通过蓝牙查找 micro:bit ，查找成功后，我们编写的程序就会自动发送到 micro:bit 。提示发送成功后，程序正式写入完毕，如图 18-10 所示。

图18-10　程序发送成功

假如出现如图 18-11 所示画面，请把 micro:bit 调到配对模式，然后重新尝试写入。

五、Android系统和iOS系统的差异

如前文所说，Android 系统的 micro:bit 应用程序使用方法与 iOS 系统大同小异，但也有需要注意的地方：

1. 在 Android 系统的移动设备编写程序时，请使用 Chrome 或者 Firefox 浏览器。

2. 程序编写完成后，单击下载按钮 ⬇ ，浏览器会自动把程序保存到移动设备中，但并不会自动打开 micro:bit 应用程序。我们手动打开 micro:bit 应用程序，选择 "Flash" 选项后，即可看到刚刚编写好的程序。

3. 找到编写好的程序后，把程序发送到 micro:bit 的方法与 iOS 系统相同。

图 18-11　查找不到 micro:bit ，程序发送失败

micro. bit

基础入门与趣味编程

附　录

一、模块介绍

1. 基本

模块	名称	功能描述	取值范围
显示数字 ⊞ 0	显示数字	在 LED 屏幕上显示数字。每次显示一个数字，超过一个数字则滚动显示	–2 147 483 647 ~ 2 147 483 647
显示 LED	显示 LED	在 LED 屏幕上绘制图像	直接在 25 个点阵上绘制图像
显示图标	显示图标	在 LED 屏幕上绘制选定的内置图标	内置的 40 种图标
显示字符串 " Hello! "	显示字符串	在 LED 屏幕上显示文本。每次显示一个字符，超过一个字符则滚动显示	数字、字母、英文标点
无限循环	无限循环	程序不断地重复运行。通常我们把需要不断地重复运行的程序放在这里面	–
暂停 (ms) 100	暂停	暂停以毫秒为单位的指定时间，1000毫秒等于 1 秒	0 ~ 2 147 483 647
当开机时	当开机时	程序启动时只执行一次。通常我们把程序初始化部分的功能放在这里面	–
清空屏幕	清空屏幕	关闭所有的 LED	–
显示箭头 北 ▾	显示箭头	在屏幕上显示箭头	北、东北 东、东南 南、西南 西、西北

（续上表）

模块	名称	指令效果
显示箭头 🖼 北 ▾	显示"北"箭头	
显示箭头 🖼 东北 ▾	显示"东北"箭头	
显示箭头 🖼 东 ▾	显示"东"箭头	
显示箭头 🖼 东南 ▾	显示"东南"箭头	
显示箭头 🖼 南 ▾	显示"南"箭头	
显示箭头 🖼 西南 ▾	显示"西南"箭头	
显示箭头 🖼 西 ▾	显示"西"箭头	
显示箭头 🖼 西北 ▾	显示"西北"箭头	

2. 输入

模块	名称	功能描述	取值范围
当按钮 A 被按下时	按钮	当按下再松开按钮（A、B 或同时按下 A+B）时执行操作	A, B, A+B
当 振动	动作检测	完成一个特定动作时执行操作	详见下表
亮度级别	亮度级别	读取当前 LED 屏幕的光线强度	0～255, 0 代表最暗，255代表最亮
指南针朝向 (°)	指南针朝向	读取当前罗盘方向度数	0°～359°
温度 (℃)	温度	读取当前实时温度，单位为℃	–5～50 ℃
旋转 (°) 横滚	旋转	测量 X 轴的倾斜度	–179°～180°
旋转 (°) 旋转	旋转	测量 Y 轴的倾斜度	–179°～180°

模块	名称	选项	选项说明
当 振动	动作检测	振动	完成晃动动作时执行操作
		徽标朝上	USB 接口位置朝上时执行操作
		徽标朝下	USB 接口位置朝下时执行操作
		屏幕朝上	LED 屏幕水平朝上时执行操作
		屏幕朝下	LED 屏幕水平朝下时执行操作
		向左倾斜	LED 屏幕朝上然后往左倾斜时执行操作
		向右倾斜	LED 屏幕朝上然后往右倾斜时执行操作
		自由落体	完成自由落体（1g）动作时执行操作
		3g	完成 3g 动作时执行操作
		6g	完成 6g 动作时执行操作
		8g	完成 8g 动作时执行操作

3．LED

模块	名称	功能描述	取值范围
绘图 x 0 y 0	绘图	使用 X、Y 坐标打开指定的 LED（X 为横轴，Y 为纵轴）。（0，0）表示左上方	0～4
绘图 x 0 y 0 亮度 255	指定亮度绘图	指定亮度使用 X、Y 坐标打开指定的 LED（X 为横轴，Y 为纵轴）。（0，0）表示左上方，255 表示亮度	0～4 0～255
切换 x 0 y 0	切换 LED 状态	使用 X、Y 坐标切换指定的 LED 的状态。即原来是打开的就关闭，原来是关闭的就打开	0～4
设置亮度 255	设置亮度	设置屏幕亮度	0～255

4．无线

模块	名称	功能描述	取值范围
无线发送数字 0	无线发送数字	通过无线将数字广播到组中任何已连接 micro:bit	-2 147 483 647 ～ 2 147 483 647
无线发送字符串 " "	无线发送字符串	通过无线将字符串广播到组中任何已连接 micro:bit	数字，字母，英文标点
在无线接收到数据时运行 receivedNumber	接收数字类型无线信号	当广播接收到数字类型的数据包时，运行指定模块	-
在无线接收到数据时运行 receivedString	接收字符串类型无线信号	当广播接收到字符串类型的数据包时，运行指定模块	-
无线设置组 1	无线设置组	设置无线通信的组 ID。micro:bit 任何时候都只能倾听一个组 ID	0～255
无线设置发射功率 7	无线设置发射功率	将发射器的输出功率电平设置为给定值	0～7

5．循环

模块	名称	功能描述	取值范围
对于从 0 至 4 的 索引 执行	变量递增	设定变量从 0 开始，递增到指定的数，每次递增的值为 1。其中"索引"是变量的名称，可从下拉框中选定	0~2 147 483 647

6．逻辑

模块	名称	功能描述	取值范围
如果为 true 则	条件判断	如果满足判断条件，则执行里面语句	true，false，自定条件
如果为 true 则 否则	条件判断	如果满足判断条件，则执行第一个语句；否则，执行第二个语句	true，false，自定条件
0 = 0	逻辑判定	左右两个数进行对比，结果为真，则返回 true；否则，返回 false。对比选项有"="">"≠""<""≤"">"">""≥"六种选择	-2 147 483 647 ~ 2 147 483 647
与	逻辑与	如果左右两个输入均为真，则返回 true；否则，返回 false	-
或	逻辑或	如果左右两个输入至少有一个为真，则返回 true；否则，返回 false	-
false	false	返回 true 或 false 值（真或假）	true，false
非	逻辑非	如果输入为 false，则返回 true；如果输入为 true，则返回 false	-

7．变量

模块	名称	功能描述	取值范围
设置变量	设置变量	添加自定义变量，名称自定	–
item ▾	返回变量值	返回变量的值。其中"item"为变量名，可从下拉框中选定	–
将 item ▾ 设为 0	变量赋值	将变量的值设置为后面的"输入值"。其中"item"为变量名，可从下拉框中选定。"输入值"为数字类型	–2 147 483 647 ~ 2 147 483 647
以 1 为幅度更改 item ▾	以指定幅度更改变量	以"输入值"为幅度更改变量的值。例如"输入值"为"1"，则表示变量 item 值加 1；如果"输入值"为"–1"，则表示变量 item 值减 1。其中的"输入值"为数字类型，"item"为变量名，可从下拉框中选定	–2 147 483 647 ~ 2 147 483 647

8．数字

模块	名称	功能描述	取值范围
0 + ▾ 0	加法运算	返回两个数字的和	–2 147 483 647 ~ 2 147 483 647
0 - ▾ 0	减法运算	返回两个数字的差	–2 147 483 647 ~ 2 147 483 647
0 × ▾ 0	乘法运算	返回两个数字的积	–2 147 483 647 ~ 2 147 483 647
0 ÷ ▾ 0	除法运算	返回两个数字的商	–2 147 483 647 ~ 2 147 483 647
选取 0 至 4	随机取数	返回从 0 到"输入值"之间的随机数	–2 147 483 647 ~ 2 147 483 647

9. micro:bit APP

选项	名称	功能描述
Choose micro:bit	连接	将移动设备与 micro:bit 进行配对
Create Code	创建代码	引导去网站选择编辑器,编写程序或者返回某些已经编写过的程序
Flash	闪存	从移动设备发送程序文件到 micro:bit
Monitor and Control	监视和控制	显示所编写程序的预览效果
Ideas	灵感	引导进入网站,从其他人那里获得创意和示例
🗑	回收站	把已经成功导入的程序文件删除
Flash	闪存	从移动设备发送程序文件到 micro:bit
📤	分享	分享编写好的程序文件
Code Editor	修改代码	修改编写好的程序文件

二、网站和文献

1. 主要网站

[1]DF创客社区micro:bit栏目：http://mc.dfrobot.com.cn/。

[2]蓝宙宙斯STEM教育社区：http://www.landzo.cn/。

[3]BBC micro:bit官网：http://microbit.org/zh-CN/。

2. 文献

[4]余波,邵子扬.micro:bit入门指南[M].北京：电子工业出版社，2017.10.

[5]郑祥.Mixly米思齐：优秀的国产创客教育工具[J].中国信息技术教育,2005,(18):68-70.